剪映

从零开始精通短视频剪辑（电脑版）

詹泽鑫 编著

人民邮电出版社

北京

图书在版编目（CIP）数据

剪映：从零开始精通短视频剪辑：电脑版 / 詹泽鑫编著. -- 北京：人民邮电出版社，2024.1
ISBN 978-7-115-63039-1

Ⅰ. ①剪… Ⅱ. ①詹… Ⅲ. ①视频编辑软件 Ⅳ. ①TP317.53

中国国家版本馆CIP数据核字（2023）第225349号

内 容 提 要

剪映是一款功能强大、易于使用的短视频剪辑应用程序。本书旨在教授读者有关使用剪映电脑版进行视频剪辑的基本技巧和方法。

本书内容涵盖了软件安装及界面介绍，剪辑界面的分区和功能，视频剪辑的基本流程，素材轨道和画面裁切的基本操作，关键帧和画面定格的相关操作，声音的处理，利用文本和贴纸给视频锦上添花，画面调节和抠像，制作具有轮播效果的电子相册，制作具有图片汇聚效果的片头，制作钢琴曲卡点翻转切换效果，制作线条分割转场效果，等等。

本书适用于剪映电脑版用户、短视频制作初学者及有一定后期经验的剪辑师。通过阅读本书，读者可以充分掌握剪映电脑版的剪辑功能，并将创作能力提升到一个全新的水平。无论是日常创作，还是后期处理，本书都能为读者提供实用的知识和技巧。开始使用剪映，创作属于自己的精彩短视频吧！

◆ 编　　著　詹泽鑫
　　责任编辑　张　贞
　　责任印制　陈　犇

◆ 人民邮电出版社出版发行　　北京市丰台区成寿寺路 11 号
　　邮编　100164　　电子邮件　315@ptpress.com.cn
　　网址　https://www.ptpress.com.cn
　　北京捷迅佳彩印刷有限公司印刷

◆ 开本：700×1000　1/16
　　印张：11　　　　　　　　　　　　2024 年 1 月第 1 版
　　字数：248 千字　　　　　　　　　2024 年 11 月北京第 3 次印刷

定价：69.00 元
读者服务热线：(010)81055296　印装质量热线：(010)81055316
反盗版热线：(010)81055315
广告经营许可证：京东市监广登字 20170147 号

前言

PREFACE

　　无论你是想将美好的视频分享到社交平台，还是想将视频剪辑后自己珍藏，本书都将在创作之路上助你一臂之力。

　　在"数字化时代"，我们平时会拍摄一些视频，但我们发现这些视频仅仅是一些零散的片段，会随着时间的流逝慢慢被遗忘。在这个时候，借助剪映，我们能够以无限创意的方式对视频片段进行处理，从而将它们剪辑成一个个生动的视频。

　　你是否曾经赞叹那些优秀视频作品中的各种炫酷的特效？它们似乎总是能够恰如其分地被应用到视频上面，为视频起到锦上添花的效果。别担心，本书将帮助你掌握如何给视频添加各种特效，以及特效的使用技巧和方法。

　　本书将给你提供实用的知识和有效的指导，帮助你将普通的视频转化为真正引人注目的艺术作品，展现出你想要表达的情感和主题。

　　借助剪映这个强大的工具，你将能够充分释放自己的创造力并发挥自己的想象。无论是调整图像、处理声音、处理字幕，还是打造各种特效，本书都将为你提供详细的步骤和实用的技巧。

　　最后，我要感谢你选择阅读本书，希望本书能够帮助你在视频剪辑之旅中取得巨大的进步，享受创作的乐趣。

　　让我们一起踏上视频剪辑之旅吧！

目 录

C O N T E N T S

第 1 章

初识剪映之软件安装及界面介绍

剪映是抖音推出的一款视频剪辑应用，有全面的剪辑功能、丰富的曲库资源，支持变速、多样滤镜效果。

剪映目前有针对电脑版和手机版，另外剪映还提供了网页版和支持协作的企业版。本书主要介绍针对剪映电脑版的使用和操作。

1.1 ▶ 软件的下载和安装

可以访问剪映的官方网站下载剪映的安装程序。在安装之前最好先了解一下剪映对电脑硬件的需求。剪映的配置分为最低配置和推荐配置，如果只是学习使用或者是偶尔使用，那么使用最低配置的硬件即可。如果是专业用户，平时要处理大量的高清视频，这时候推荐配置才是最佳的选择。表1-1简要列出了剪映（注：除特别说明外，本书后文提及的均为电脑版）的最低配置和推荐配置。

表 1-1

项目	最低配置	推荐配置
硬盘空间	8 GB 可用磁盘空间（用于程序安装、缓存和媒体资源存储）	8 GB 或更多的可用磁盘空间或高速固态硬盘
显卡	NVIDIA GTX 900 系列及以上型号；AMD RX560 及以上型号；Intel HD 5500 及以上型号；显卡驱动日期在 2018 年或更新；2 GB GPU VRAM（核显共享RAM，包括在总RAM内）	NVIDIA GTX 1000 系列及以上型号；AMD RX580 及以上型号；显卡驱动日期在 2018 年或更新；6GB GPU VRAM；NVIDIA显卡：Windows 11下驱动版本推荐472.12版本（2021年9月20日）或更新
显示器分辨率	1920×1080或更高分辨率	1920×1080 或更高分辨率；HDR显示：推荐DisplayHDR 600或更高标准
操作系统	Windows 7/Windows 8.1/Windows 10/Windows 11 或更高版本，64位操作系统	Windows 10/Windows 11 或更高版本，64位操作系统
处理器	Intel Core 第6代或更新或者 AMD Ryzen 1000 系列或更新	Intel Core第8代或更新或者 AMD Ryzen 3000 / Threadripper 2000 系列或更新
内存	8 GB RAM	16 GB RAM，用于 HD 媒体；32 GB RAM，用于 4K 媒体或更高分辨率
声卡	与 ASIO 或 Microsoft Windows Driver Model兼容	与 ASIO 或 Microsoft Windows Driver Model兼容

确认电脑的配置没有问题后，就可以从网站下载安装程序并进行安装了。双击下载好的程序，会出现图 1-1 所示的安装界面。

图1-1

剪映默认安装在操作系统所在的磁盘。如果想更改安装的位置，可以单击图 1-1 所示界面中的"更多操作"按钮，在弹出的界面中更改剪映的安装目录，如图 1-2 所示。

单击"浏览"按钮，可以手动选择软件的安装目录。安装程序默认会创建一个桌面快捷方式。如果不需要桌面快捷方式，则取消勾选"创建桌面快捷方式"复选框。完成后，单击"立即安装"按钮就可以进行软件的安装了。安装过程不需要进行任

何的干预。安装完成后会出现图 1-3 所示的界面。

图1-2

图1-3

这个时候如果不需要立即使用软件，则可以单击右上角的"关闭"按钮关闭当前界面。如果要立即使用软件，那么单击"立即体验"按钮即可。

1.2 ▶ 软件界面介绍

1.2.1 基本界面介绍

第一次运行剪映时，软件会进行运行环境检测，如图 1-4 所示。

图1-4

检测完成后，软件会弹出检测结果，如图 1-5 所示。

图1-5

单击"确定"按钮，就会出现图 1-6 所示的主界面。

图1-6

剪映的主界面可以分为 4 个区域，分别是：账号信息区、菜单栏、创作区、草稿区。下面详细介绍这几个区域。

1. 账号信息区

剪映主界面左侧是账号信息区，如果是第一次使用剪映或者没有登录过剪映账户，单击左侧最上面的按钮可以注册和登录账户。余下的常用功能分别是：模板、我的云空间、热门活动。

（1）模板： 单击"模板"按钮可以打开模板界面，如图 1-7 所示。

图1-7

在模板界面，可以应用剪映提供的模板来进行创作。剪映提供了搜索、筛选和分类标签这 3 种查找模板的方式。

※ 通过搜索查找模板：可以单击界面最上方的文本框，输入模板名称或者模板类型后，按 Enter 键搜索相关的模板。

※ 通过筛选查找模板：可以根据比例、片段数量、模板时长进行筛选。选择对应的选项后，在筛选出的结果中查找需要的模板。

※ 通过分类标签查找模板：直接单击剪映提供的标签来查找需要的模板。

（2）我的云空间： 登录剪映账号后，可免费获得或者付费购买云空间。

（3）热门活动： 展示剪映最近组织的各类剪辑相关的活动，单击相应活动可以查看活动详情和报名参加活动。

2. 菜单栏

菜单栏提供了教程、反馈、全局设置 3 个菜单。

（1）教程： 单击后会在浏览器打开剪映创作课堂网页，里面有各种付费和免费的教程。

（2）反馈： 如果在使用过程中遇到问题，可以在这个地方进行反馈。单击后弹出的界面如图 1-8 所示。

图1-8

可以选择相关的问题分类，然后对问题进行详细的描述。如果有问题的相关视频还可以上传视频，这样可以帮助剪映更好地解决问题。

（3）全局设置： 该菜单提供了许多功能，常用的几个功能主要是全局设置、版本号查看等。下面主要介绍全局设置功能。

全局设置功能用于对剪映的全局参数进行设置和调整，即可以对草稿、剪辑、和性能进行设置。

① 草稿设置。

首先看草稿设置的界面，如图 1-9 所示。

图1-9

※　草稿位置：单击界面右侧的文件夹图标可以更改草稿保存在电脑中的位置。草稿就是我们在剪辑过程中产生的文件，它保存了我们剪辑的状态和过程，其默认保存在剪映的安装文件夹内。

※　素材下载位置：保存在剪映中下载的素材的文件夹，单击界面右侧的文件夹图标可以进行更改。

※　缓存管理：可以在此处设置不删除缓存文件或者定期删除缓存文件。可以通过设置让剪映自动删除 15/30/60/90 天之前的缓存文件。

※　缓存大小：列出当前剪映所使用的缓存文件的大小。如果缓存文件过大，可以单击界面右侧的删除图标进行删除。

※　预设保存位置：保存我们在剪映中的预设内容的位置。单击界面右侧的文件夹图标可以更改预设保存位置。

※ 分享审阅：打开后可以开启在线审阅功能。如果是一个团队，打开此功能后，可以将在剪映做好的视频直接在线分享给团队的其他人员，其他人员可以在线审阅并发表审阅意见。

※ 导入工程：打开后可以在剪映导入其他软件制作的工程文件。目前剪映支持 Adobe Premiere 软件的工程文件。

② 剪辑设置。

剪辑设置的界面如图 1-10 所示，在这里可以设置剪辑的各种参数。

图1-10

※ 图片默认时长：可以设置导入剪辑的图片素材默认的时间长度。可以设置按秒来计算时长还是按帧来计算时长。如果按秒设置，时长范围为 0.1 ～ 100 秒。如果按帧设置，时长范围是 1 ～ 3000 帧。

※ 自由层级：设置新建的草稿是否开启自由层级。自由层级是指素材之间的层级可以自由地进行调整，只需拖动轨道即可。

※ 默认帧率：可以在这里调整剪辑的默认帧率，可以在 24/25/30/50/60 这 5 个数值中选择。

※ 时码样式：设置剪辑时间轴的显示格式。

※ 规范表达：勾选此项后，剪辑里面如果有不规范的表达，剪映会自动识别并提示。

③ 性能设置。

可对剪映的运行性能进行相关的设置，如图 1-11 所示。

图1-11

※ 编解码设置：可以勾选或取消勾选"启用硬件加速编码""启用硬件加速解码"选项。建议勾选这两个选项，如果遇到驱动不兼容问题，可以不勾选。

※ 界面绘制：如果视频播放时有黑屏问题，可以取消勾选"启用CPU 绘制界面"选项并重启剪映解决。

※ 代理模式：开启代理模式时，会降低剪辑时的清晰度并提高系统流畅度，对最终剪辑效果无影响。

※ 代理位置：单击界面右侧的文件夹图标可以更改代理位置。

※ 代理大小：可以查看代理模式产

生的文件的大小，单击界面右侧的删除图标，可以删除代理模式产生的文件。

3. 创作区

创作区有 3 个快捷功能，分别是开始创作、创作脚本、图文成片，下面详细介绍。

※ 开始创作：单击此按钮后可以进行全新的剪辑创作，类似于 Word 的新建空白文档。单击这个按钮会打开剪映的剪辑界面，关于剪辑界面后文会进行详细介绍。

※ 创作脚本：使用这个功能需要登录账号，并且首次使用需要选择职业信息，如图 1-12 所示。

图1-12

可以根据实际情况进行选择，再单击"确定"按钮，稍后就可以看到创作脚本界面，如图 1-13 所示。

图1-13

在这里可以根据要剪辑的内容先制定一个拍摄脚本，对拍摄内容进行详细的规划。脚本的每一节都包含大纲、分镜描述、已拍摄片段、台词文案、备注等内容。

① 大纲：大纲是对拍摄内容所做的概括。例如要剪辑的内容是一个游览景区的内容，大纲的第一段可以概括为：景区大门。

② 分镜描述：它是对一段拍摄视频的描述，例如景区大门特写、检票处的人流镜头等。

③ 已拍摄片段：是指已经拍好的镜头。

④ 台词文案：是对这段视频配的解说词。

⑤ 备注：是指其他需要补充的信息。

脚本创作完成后，单击界面右上角的"导入"按钮，就可以进行下一步的剪辑操作。

※ 图文成片：想做视频却只有文案，找不到合适的素材，这个时候可以使用剪映的图文成片功能。可

以打开剪映的图文成片功能，输入已有的文案，然后剪映会生成一个视频。

单击"图文成片"按钮后会出现图 1-14 所示的界面。

图1-14

在文本框内输入标题和正文。如果是头条号或者悟空问答的文章，可以直接将相关的链接复制到下方的链接文本框内，然后单击右侧的"获取文字内容"，就可以直接导入链接中的文本，避免了手动输入的麻烦。还可以在"朗读音色"区域选择合适的音色，剪映提供了各种各样的音色供我们选择。

上述内容设置完成后，单击"生成视频"按钮。等待一段时间，剪映就会生成一段匹配的视频并自动进入剪辑界面。

4. 草稿区

草稿区存储视频剪辑项目文件，可以在这里对它们进行管理。

单击相应剪辑文件可以进入剪辑界面，并对这个文件进行剪辑。

鼠标指针移动到文件上面时，文件的右下角会出现一个省略号图标，单击省略号图标，会出现一个快捷菜单，如图 1-15 所示。

图1-15

※ 上传：单击"上传"可以将草稿上传到剪映云空间。草稿上传到剪映云空间后可以同步到其他登录剪映账号的设备上。

※ 重命名：可以对草稿进行重新命名。草稿的默认名称是创建草稿的日期。

※ 复制草稿：将当前的草稿复制一份。

※ 剪映快传：将文件快速传递到登录当前账号的另一个设备上。这时需要两个设备在同一个网络上。

※ 删除：删除选中的草稿。删除草稿时要注意，剪映里面没有"回收站"相关的功能，草稿一旦被删除就无法恢复。

1.2.2 登录剪映账户

如果想使用更丰富的功能，比如使用剪映提供的云服务，使用抖音收藏的素材或音乐，就需要进行登录。单击主界面左上角的"点击登录账户"按钮，如图 1-16 所示。

图1-16

图1-17

剪映提供了两种登录方式。如果有抖音账户，并安装了抖音 App，那么可以直接打开抖音 App，扫描登录界面的二维码进行登录，如图 1-17 所示。

如果没有抖音账户或者不方便扫码登录，则可以单击二维码下方的"手机验证码登录"，弹出的界面如图 1-18 所示。

输入手机号码，单击"获取验证码"，再输入收到的验证码，勾选"已阅读并同意用户协议与隐私政策"选项，再单击"抖音授权登录"按钮，就可以登录剪映账户了。

图1-18

第2章

初识剪映之
剪辑界面

在了解了剪映的启动界面后，需要对素材进行剪辑处理。素材的剪辑处理过程都是在剪映的剪辑界面完成的。本章主要介绍剪映的剪辑界面的分区和功能。

剪映的剪辑界面如图 2-1 所示。

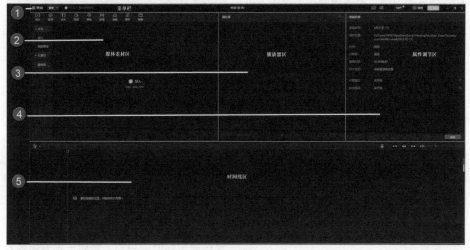

图2-1

剪辑界面可以分为菜单栏、媒体素材区、播放器区、属性调节区、时间线区 5 个部分。下面就对每个部分进行详细的介绍。

2.1 ▶ 菜单栏

菜单栏主要提供快捷键设置、布局调整、审阅功能、导出功能，如图 2-2 所示。

图2-2

1. 快捷键设置

可以查看当前的各种操作的快捷键设置。快捷键设置界面如图 2-3 所示。

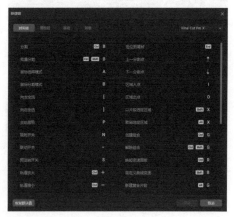

图2-3

剪映提供了两组常用的快捷键，一组是为了适应 Final Cut Pro X 用户的习惯，另一组则是为了适应 Adobe Premiere Pro 用户的习惯。单击界面右上角的下拉按钮可以在下拉列表中选择进行切换。另外剪映还提供了 3 组自定义快捷键。

如果设置的快捷键和其他软件的冲突，或者需要更改某个操作的快捷键，直接单击对应操作右侧的快捷键区域，然后设置新的快捷键即可。另外界面左下角的"恢复默认值"按钮可以帮我们将快捷键恢复到默认设置。更改快捷键后，需要单击界面右下角的"保存"按钮进行保存。

2. 布局调整

布局调整可以调整软件窗口的默认布局。可以设置为媒体素材优先、播放器优先、属性调节优先和时间线优先的布局模式。设置为优先的区域会成为一个独立窗口，可以拖动窗口的边框调整窗口的大小。还可以直接单击窗口顶端的省略号图标，如图 2-4 所示。

图2-4

此时会出现快捷操作按钮，如图 2-5 所示。

图2-5

如果想恢复原来的窗口布局，单击"还原"按钮即可。

3. 审阅功能

当完成素材的编辑，需要提交给别人审阅时，可以单击"审阅"按钮将剪辑上传到云端。单击"审阅"按钮后弹出的界面如图 2-6 所示。

图2-6

界面左下角显示了视频的时长和大小。视频的大小会随着右边设置参数的改变而改变。在界面的右边可以更改作品的名称等。下面详细介绍。

（1）作品名称： 剪映默认的作品名称是创建剪辑时的日期。例如示例剪辑是 6 月 20 日创建的，那么这个剪辑的默认作品名称就是 6 月 20 日 。如果在 6 月 20 日创建了多个剪辑，那么后来创建的剪辑的作品名称会变为 6 月 20 日（1）、6 月 20 日（2），以此类推。为了更好地管理剪辑，可以在此处更改作品名称。

（2）保存位置： 可以将剪辑保存在我的云空间或者小组的云空间。

（3）分辨率： 剪映对审阅视频推荐的分辨率是 720P。如果视频太大，或者占用的空间较大时，可以将分辨率设为 480P 或者 320P，以降低对空间的占用。

（4）帧率： 设置审阅视频的帧率，可以在 24fps、25fps、30fps、50fps、60fps 这几个选项中进行选择。如果无特殊要求，按照默认的 30fps 即可。

设置完成后单击"上传审阅"按钮，剪映就会开始进行视频的合成和上传。合成过程的界面如图 2-7 所示。

图2-7

上传完成后的界面如图 2-8 所示。

图2-8

可以直接打开链接查看预览界面，或者单击链接右侧的复制链接按钮，将链接发送给别人。另外还可以修改审阅者的权限，单击权限右侧的"修改"，弹出的界

面如图 2-9 所示。

图2-9

可以在这里设置是否允许审阅者下载视频，是否允许审阅者对视频进行批注，以及是否对视频进行密码保护。如果设置了密码保护，则密码保护区域右侧会显示密码。

4. 导出功能

导出功能可对视频的导出参数进行选择和调整，后文将会进行详细介绍。

2.2 媒体素材区

媒体素材区如图 2-10 所示，位于剪辑界面的左上角。

图2-10

媒体素材区主要用于对剪辑过程中需要用到的媒体素材进行导入和管理。另外后期视频剪辑需要的各种特效和工具也是在这里进行添加和管理的。

媒体素材区上方的一排按钮中，"媒体""音频""文本""贴纸"这4个是可以添加到剪辑中的对象，"特效""转场""滤镜""调节"这4个是对剪辑进行各种处理的工具。"模板"是剪辑操作时可以参照的模板。

媒体素材区左侧是对上方按钮区域所选工具和对象的分类。录入媒体素材区的默认界面是媒体对象界面，左侧则是媒体的分类，可以看到媒体被分成了本地、云素材、素材库和品牌素材这4类。

媒体素材区的中央用于浏览和管理对象和工具。首次打开剪辑界面的时候，媒体素材区的中央是空白的，里面有一个"导入"按钮。单击"导入"按钮，在弹出的对话框中浏览文件夹，找到需要导入的素材，如图2-11所示。

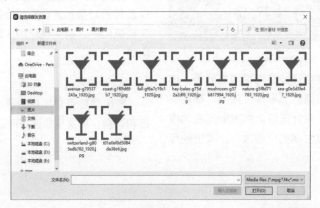

图2-11

选择需要的素材，单击"打开"按钮进行导入。导入完成后的界面如图2-12所示。

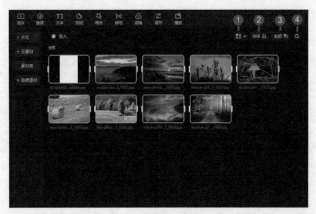

图2-12

此时"导入"按钮缩小并移动到了中央区域的左上角。中央区域的右上角多了几个管理媒体素材的图标。

（1）素材查看方式选择： 素材默认按照宫格的方式排列，也就是图 2-12 所示的方式，可以单击这个图标将素材的排列方式改为列表方式。

（2）素材排序： 单击这个图标，可以选择将素材按导入时间、创建时间、名称、文件类型、时长中的一种进行排序。

（3）素材类别筛选： 单击这个图标可以将素材按类别进行筛选，分别可以按照视频、音频或者图片进行筛选。

（4）搜索： 如果素材比较多，可以单击这个图标，输入素材的名称进行搜索。

选中素材时，播放器区会播放素材的预览。当鼠标指针悬停在素材上面时，素材右下角会出现一个"+"图标，如图 2-13 所示。

图2-13

可以单击这个图标将素材添加到剪辑中。

2.3 ▶ 播放器区

播放器区是预览剪辑效果的区域，没有编辑素材时，播放器区如图 2-14 所示。

图2-14

此时按钮都是灰色的。添加一个素材到剪辑中，这时播放器区就会出现添加的素材的预览画面，如图 2-15 所示。

图2-15

播放器区右上角的菜单如图 2-16 所示。

※ 调色示波器：可以选择开启或者关闭调色示波器。调色示波器默认是处于关闭状态的，如果需要对图像质量进行专业化的处理，则可以开启它。

※ 预览质量：可以调整预览质量是画质优先还是性能优先，默认是画质优先。如果电脑配置不高，可以选择性能优先。

图2-16

※ 导出静帧画面：可以导出当前播放的视频的单帧画面。

播放器区下方正中央的"旋转"按钮用来调整画面的旋转角度，按住鼠标左键然后左右移动即可调整画面的旋转角度。

播放器下方有两个时间显示。左侧蓝色的时间是当前播放位置的时间，同时也是后面要介绍的时间线区的时间线所在位置的时间；右侧白色的时间是视频的总时长。

时间的右侧是音量指示，指示当前播放的剪辑的音量。

播放器区最下方正中央是播放 / 暂停按钮，可以在此处控制是暂停还是播放视频。

播放器区右下角还有 3 个图标，功能分别如下。

※ 缩放：缩放剪辑的画面。

※ 比例：调整视频的宽高比例。

※ 全屏：将播放器区画面全屏显示。

2.4▶ 属性调节区

属性调节区用来调整草稿属性和各种参数。刚进入剪辑界面时或者未选中任何时间线区的任何对象时，属性调节区如图 2-17 所示。

其中显示了草稿名称和保存位置等信息。可以单击下方的"修改"按钮进行修改。具体会在后文进行详细的介绍。

当选中时间线区内的剪辑内容时，属性调节区的显示会随着选中内容的不同而不同。例如，当选中视频素材时，属性调节区如图 2-18 中右上角的红框所示。

图2-17

图2-18

在此可以调整视频的画面、变速、动画等相关的内容。根据选中对象的不同，属性调节的内容也不相同，后文会进行详细介绍。

2.5▶ 时间线区

时间线区是剪辑过程中需要频繁操作的区域之一。剪辑特效的添加、视频的分割等功能都在这一区域进行。刚进入剪辑界面时，时间线区是空白的，如图 2-19 所示。

图2-19

时间线区的部分按钮会随着添加素材的变化而变化。添加部分素材后，时间线区如图 2-20 所示。

图2-20

2.5.1 选择和快捷功能区

1. 选择

位于时间线区左上角的是选择和快捷功能区。单击左上角的指针图标，可以更改鼠标的功能，如图 2-21 所示。

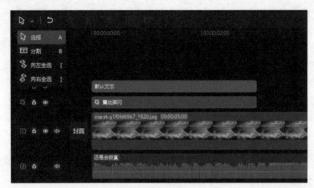

图2-21

※ 选择：这是最基础的功能，单击时间线区的对象，可以选定特定的对象。

※ 分割：选择这个功能后，鼠标指针会变成裁剪图标，将鼠标指针移动到需要对素材进行分割的位置并单击，就可以从这个位置将素材裁剪成两个部分。

※ 向左全选：选择这个功能后，鼠标指针会变为两个向左并排的箭头图标，在时间线区单击可以选择当前位置和当前位置左侧的所有对象。

※ 向右全选：选择这个功能后，鼠标指针会变为两个向右并排的箭头图标，在时间线区单击可以选择当前位置和当前位置右侧的所有对象。

2. 快捷功能区

快捷功能区的按钮会随着所选对象的变化而变化，有几个常用的按钮是常驻快捷功能区的。

※ 撤销：单击这个按钮可以撤销刚才所做的操作，连续单击可以撤销多步操作。

※ 恢复：它是撤销的逆操作。如果不小心多做了撤销的操作，可以单击这个按钮来恢复相应的操作。

※ 分割：单击这个按钮会在时间线位置对选中的素材进行分割。如果没有选择任何素材，单击这个按钮则会对主轨道素材进行分割。

※ 向左裁剪：单击这个按钮会将选中素材在时间线位置进行分割，并删除裁剪后左侧的部分。

※ 向右裁剪：单击这个按钮会将选中素材在时间线位置进行分割，并删除裁剪后右侧的部分。

※ 删除：单击这个按钮可以删除选中的素材。

2.5.2 录音和其他设置区

※ 录音：单击麦克风图标可以为素材配音，单击后
出现的界面如图 2-22 所示。在弹出的界面中，单
击红色圆点可以开始录音。在这里还可以对输入
设备和输入音量进行设置。

※ 主轨磁吸：默认是打开状态，当通过拖曳的形式
向主轨道插入素材时，松开鼠标，素材会自动吸
附到前面一个素材的结尾位置，两个素材之间没
有空隙。如果需要主轨道中的素材之间留有空隙，
那么可以关闭主轨磁吸。

※ 自动吸附：默认是打开状态，当将两个素材移动
到靠近的位置，它们就会自动吸附在一起，从而
方便剪辑，避免掉帧现象的出现。

图2-22

※ 联动：默认是打开状态，当为素材设置了特效和添加了文本效果，再移动素材
时，这个素材的特效轨道和文本效果轨道会和这个素材一起移动。关闭联动，
移动素材时，和这个素材相关的其他素材不会跟随这个素材一起移动。

※ 预览轴：默认是关闭状态，当打开预览轴时，时间线区会出现一条跟随鼠标指针
移动的黄色竖线，并且播放器区会显示黄线所在位置的画面预览效果，如图 2-23
所示。

※ 时间线调整缩放：单击左侧的缩小图标可以缩小时间线，单击右侧的放大图标
可以放大时间线，也可以拉动中间的滑块进行快速调节。

图2-23

2.5.3 轨道控制区

轨道控制区可以对轨道进行锁定等操作，如图 2-24 所示。

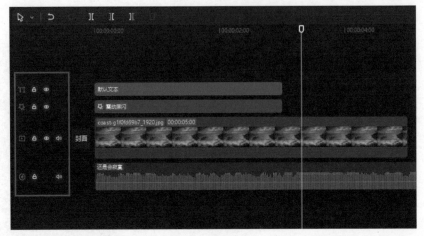

图2-24

※ 轨道类型：最左侧图标标识轨道的类型。剪映用不同的图标来标识文本轨道、特效轨道、视频轨道和音频轨道等。

※ 锁定轨道：单击锁图标，可以锁定当前的轨道。锁定后的轨道无法进行任何操作。

※ 隐藏轨道：可以单击眼睛图标，可以隐藏或显示当前的轨道。当进行多个图层操作时，隐藏不必要的轨道，可以减少剪辑时的干扰。

※ 关闭原声：如果素材轨道里面有声音或者直接是声音轨道，还可以单击扬声器图标来关闭原声。

2.5.4 轨道区

轨道区是添加各种素材和特效的区域。

※ 时间轴：轨道区最上方是时间轴，是剪辑时调整和选择时间的重要参考。

※ 时间线：轨道区中的白色竖线，是时间线区的重要标志。各种剪辑操作都是基于时间线来进行的。

※ 主轨道：时间线区位于"封面"图标右侧的轨道，如图2-25所示。

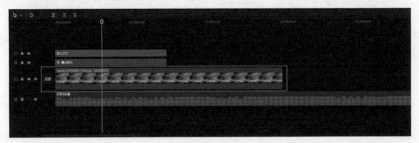

图2-25

添加的第1个素材默认就添加在主轨道上。

第 3 章

完成自己的
第一个剪辑

在介绍了剪映的剪辑界面后，下面通过制作一个作品来介绍视频处理的基本流程。

导入素材

假设之前已经拍摄了很多素材，现在需要进行剪辑。可以在主界面单击"开始创作"按钮来进行素材的添加，如图 3-1 所示。

图3-1

这时会出现图 3-2 所示的剪辑界面。

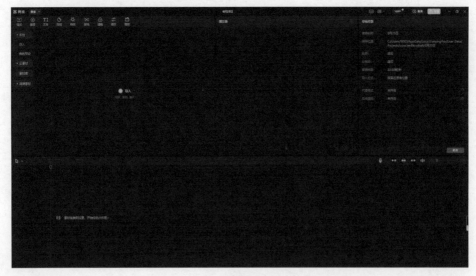

图3-2

在屏幕左上方的媒体素材区可以选择从本地、云素材、素材库导入素材。如果在审阅里面创建了小组，媒体素材区还会出现一个品牌素材可供选择，如图 3-3 所示。

图3-3

3.1.1 导入本地素材

剪映媒体素材区默认选择导入本地素材。单击"导入"按钮，就会弹出"请选择媒体资源"对话框，打开素材所在的文件夹，如图 3-4 所示。

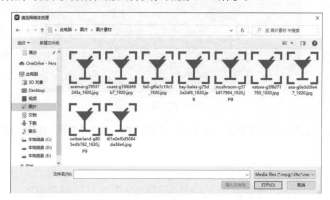

图3-4

选中单个素材单击"打开"按钮可以导入单个素材，选中多个素材再单击"打开"按钮可以一次导入多个素材。可以导入的本地素材类型有图片、音频和视频 3 种。导入素材后，素材只是显示在了媒体素材区，需要单击素材右下角的"+"图标，将素材添加到时间线区。

3.1.2 导入云素材

导入云素材，就是导入上传到剪映云空间的素材。在导入之前，需要先上传素材到剪映云空间。打开剪映，单击"我的云空间"，单击"上传"按钮，如图 3-5 所示。

图3-5

在弹出的界面选择"上传素材",如图 3-6 所示。

图3-6

在弹出的"打开"对话框中选择要上传的素材,然后单击"打开"按钮,如图 3-7 所示。

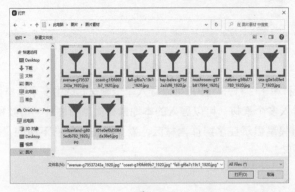

图3-7

　　稍等一会儿,剪映就会完成素材的上传,可以在剪映云空间里面看到上传的素材,
如图 3-8 所示。

图3-8

上传完成后，单击"首页"，然后单击"开始创作"按钮，进入剪辑界面。接下来单击媒体素材区左侧的"云素材"标签，就可以看到之前上传的素材，如图 3-9 所示。

图3-9

选中需要的素材，等待剪映下载完成，单击图片右下角的"+"图标就可以将其导入剪辑中。

3.1.3　导入素材库素材

本地素材和云素材都需要用户自己准备，此外剪映还提供了许多官方的素材供我们使用。单击媒体素材区左侧的"素材库"标签，如图 3-10 所示。

由于素材非常多，剪映还对素材库内容进行了分类，单击"素材库"左侧的小三角形，可以展开素材的分类。展开后的分类列表如图 3-11 所示。

另外剪映还会非常贴心地在相关节日或者热门事件时，提供限时的分类素材。如图 3-11 中的"端午节"分类。如果想更详细地查找，还可以单击素材列表上方的文本框，在文本框中输入关键词进行搜索来查找相关的素材。

图3-10

图3-11

我们可以将常用的素材收藏。当鼠标指针处于素材的上方时，素材右下角会出现一个五角星图标，如图 3-12 所示。

图3-12

单击五角星图标后，它会变成黄色的实心五角星，并且"素材库"下方多了"收藏"分类。以后单击"收藏"分类就可以查看收藏的素材。

3.1.4　素材的排序

当选择的素材等于或大于 2 个的时候，在将其添加到时间线区的时候可能没有进行排序，或者后续素材的顺序需要调整。例如想将时间线区的最后一个白色图片素材调整到前面，如图 3-13 所示。

图3-13

在白色图片素材上按住鼠标左键，然后移动鼠标，拖动白色图片素材向左移动，当移动到 2 个素材中间时，素材中间的空隙会变大，如图 3-14 所示。

图3-14

在适当位置松开鼠标左键，白色图片素材就会被放置在对应位置。

3.2▶ 预览剪辑

素材添加完成后，可以在播放器区进行预览，查看素材的播放效果，如图 3-15 所示。

单击播放器区下方的播放按钮进行预览播放，也可以单击右下角的全屏图标实现全屏预览。全屏预览时，视频会全屏播放，只保留播放工具栏，其他工具栏会全部隐藏。可以按键盘上的 Esc 键或者单击播放工具栏最右侧的图标退出全屏。

图3-15

如果视频的时长比较长，或者只是想进行粗略的预览，可以拖动时间线区的时间线来实现快速预览，如图 3-16 所示。

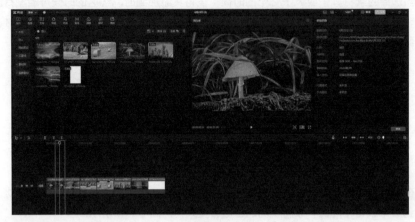

图3-16

3.3 视频素材的分割分段

如果删除素材的某些片段或者将素材分成几部分来调整顺序，就可以将视频进行分割分段处理。

首先拖动时间线，将使时间线处在需要分割素材的位置，如图 3-17 所示。

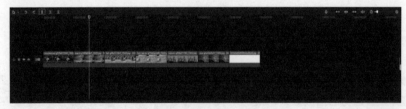

图3-17

选中需要分割的素材，然后单击时间线区快捷功能区上的分割图标，选中的素材会基于时间线位置被分成两个部分，如图 3-18 所示。

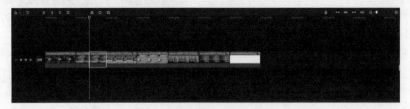

图3-18

　　如果不需要前段或者后段素材，可以选中不需要的素材，然后单击时间线区快捷功能区上的"删除"按钮，如图 3-19 所示。

图3-19

　　如果要删除的片段位于素材的中间，此时需要对视频片段做两次分割分段处理，直到要删除的片段变成一段独立的素材，这时候就可以选中并进行删除了。

3.4 ▶ 视频素材的变速处理

　　有时候需要对视频进行快进或者慢速播放处理。比如记录植物生长过程的视频，就需要进行快进处理；而对于比较激烈的体育比赛的视频或者转瞬即逝的烟花的视频，可以进行慢速播放处理。剪映提供的变速功能就可以很好地满足上述要求。

　　首先导入视频素材，将它添加到剪辑中。选中这段视频素材，然后单击属性调节区的"变速"标签，如图 3-20 所示。

　　变速功能提供了两种变速方式，分别是常规变速和曲线变速。

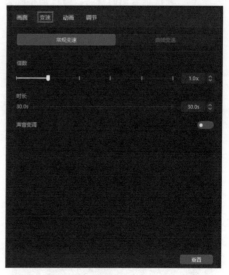

图3-20

3.4.1　常规变速

　　常规变速是指选中的视频素材按照设定的变速值一直从头播放到尾，中间的播放速度不会变化。剪映的默认变速方式就是常规变速。

　　常规变速支持视频从 0.1 倍速到 100 倍速播放，可以通过多种方法来调整变速值。

※ 拖动"倍数"处滑块调整。可以通过拖动变速轴上面的滑块来调整变速值，向左拖动滑块，视频播放速度降低，向右拖动滑块，视频播放速度提高。

※ 单击"倍数"数值右侧的箭头或者直接输入数值。可以单击"倍数"数值右侧的向上或者向下的箭头来调整视频播放的变速值。在 10 倍速以下时，单击一次可以调整 0.1 倍速。在 10 倍速以上时，单击一次调整 1 倍速。可以按住箭头不放，以此来连续调整视频播放的变速值。此外还可以在变速轴右侧的数值框中直接输入数值。

※ 调节视频时长。可以单击"时长"数值框右侧的箭头，通过调整时长来调整视频的播放速度。调整时长后，视频的倍速会自动进行调整。

当将"倍数"数值调到 1 以下的时候，如果不做任何处理，此时的视频画面将会显得卡顿。这个时候剪映的智能补帧功能将会开启，如图 3-21 所示。

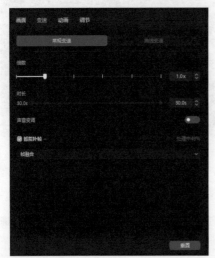

图3-21

勾选"智能补帧"选项后，剪映会自动计算合适的中间帧来补足缺失的画面，对变速的视频效果进行优化。

剪映提供了两种智能补帧的方法。单击右侧的下拉按钮可以进行选择，如图 3-22 所示。

图3-22

两种方法分别是帧融合和光流法。帧融合速度快，但是效果没有光流法的好，适合配置较差的电脑。光流法耗时较长，但是补帧效果更好，适合配置较高的电脑。

受限于拍摄视频素材的帧率，一般建议不要将"倍数"数值调整到 0.5 以下，否则变速后的视频会变得卡顿。如果需要取消变速效果，可以单击属性调节区右下角的"重置"按钮。

3.4.2 曲线变速

如果需要在视频素材内部实现不同的变速效果，可以使用剪映提供的曲线变速功能。单击"曲线变速"标签，可以看到图 3-23 所示的界面。

图3-23

剪映提供了预置的蒙太奇、英雄时刻、子弹时间、跳接、闪进、闪出等效果，可以直接运用，也可以对预置的效果进行调整后运用。也可以单击"自定义"按钮进行自定义变速。单击"自定义"按钮后界面如图 3-24 所示。

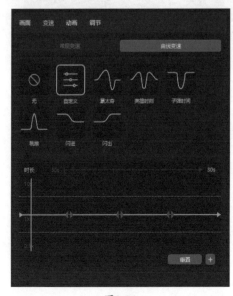

图3-24

曲线变速默认有 5 个控制点。每个

点控制的变速范围从 0.1 倍到 10 倍。如果需要添加控制点，可以在需要添加控制点的位置，单击变速调整区右下角的"+"图标。可以根据自己的需求进行添加。如果不需要很多的控制点，可以将不需要的控制点删除。移动竖线到需要删除的控制点处，然后单击右下角的"-"图标，就可以删除多余的控制点，如图 3-25 所示。

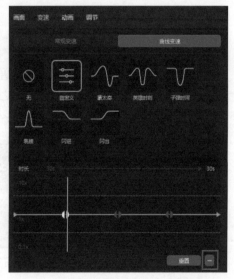

图3-25

同常规变速一样，曲线变速中如果出现了小于 1 的倍数值，也可以通过智能补帧功能使视频更加流畅。

3.4.3 调整图片素材的播放时间

导入剪辑中的图片素材默认播放时间是 3s。如果需要调整图片素材播放的时间，可以直接在素材轨道中选择图片素材，等鼠标指针变为图 3-26 所示的样式，按住鼠标左键左右移动即可调整图片素材的播放时间。

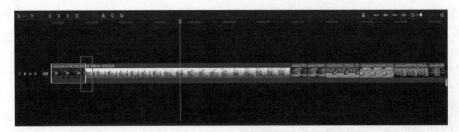

图3-26

3.5 视频的转场效果

如果两个视频素材场景差异比较大或者内容完全不同，直接跳转会显得有些生硬。这时候可以考虑使用剪映在两个视频素材之间插入一个转场效果。

拖动时间线，使时间线处于要插入转场效果的两个素材之间，如图 3-27 所示。

图3-27

单击媒体素材区的"转场"按钮，会弹出转场效果的选择界面，如图 3-28 所示。常见的转场效果有叠化、运镜、模糊、幻灯片、光效等。

叠化效果比较适合元素比较少、主体比较突出的画面，或者是比较干净的画面之间的切换，这样才能完美地适配叠化的效果。运镜效果适合在镜头有拉伸的时候使用，两个转场的视频的拉伸都是一致的时候最好。可以在使用时根据需要进行选择。选择一个效果之后，等待剪映下载完成，此时效果右下角会出现"+"图标，如图 3-29 所示。

图3-28

图3-29

单击这个图标就可以将转场效果应用到剪辑中，如果素材片段边缘长度不足，剪映会弹出图 3-30 所示的对话框。

图3-30

剪映会添加重复帧以保证不改变片段的时长来应用这个转场效果。此时可以在属性调节区调整转场效果持续的时间，如图 3-31 所示。

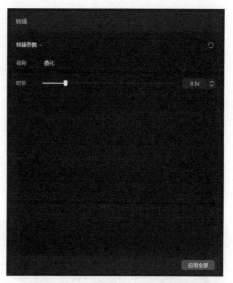

图3-31

时间可以从 0.1s 到 2.5s。此时还可以单击播放按钮或者缓慢拖动轨道上的素材来预览效果。如果需要在每个素材之间都使用这个效果，单击右下角的"应用全部"按钮即可。当设置错误或者不需要转场效果时，可以选中转场效果，然后单击时间线区的删除图标来取消转场设置，如图 3-32 所示。

需要注意的是，取消转场的设置，需要每个片段逐一取消，无法一次全部取消。

图3-32

3.6 ▶ 视频黑边的处理

如果视频素材的分辨率或者宽高比不一致，在同一个剪辑里面编辑会存在黑边现象。导入 9∶16 的视频素材并将它添加到剪辑中，将时间线拖动到这个素材上，此时播放器区的预览界面如图 3-33 所示。

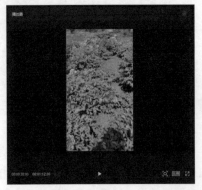

图3-33

由于草稿不是 9∶16 的比例，因此该素材画面的两侧出现了黑边。这时一般有两种处理办法，下面详细介绍。

※ 缩放视频素材来填充整个预览区域。选中这段视频素材，播放器区的预览界面如图 3-34 所示。

图3-34

此时可以看到，素材画面被白框框住，而且白框的四周有 4 个小圆点。可以向外

拖动小圆点来放大素材画面，使素材画面填充满预览区域，如图 3-35 所示。

图3-35

这样做的缺点是如果原始素材清晰度不够的话，缩放后的画面会模糊，影响最终成品的效果。

※ 添加背景来替换黑边。选中当前素材后，拖动属性调节区右侧的滚动条，将其置于最下方，然后勾选"背景填充"选项，如图 3-36 所示。

图3-36

单击"背景填充"下面的下拉框，有
3 个填充选项可供选择，如图 3-37 所示。

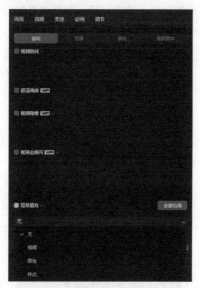

图3-37

剪映提供了"模糊""颜色""样式"3
个填充选项。下面逐一介绍。

3.6.1 模糊

如果没有合适的颜色和样式用作背
景，可以直接用画布模糊的方式来设置视
频素材的背景。单击"模糊"选项后，可
以看到图 3-38 所示的界面。

图3-38

画布模糊的程度从轻到重共 4 个级别
可供选择。从左到右，模糊的程度越来越
重，应用模糊背景填充后的画面效果如
图 3-39 所示。

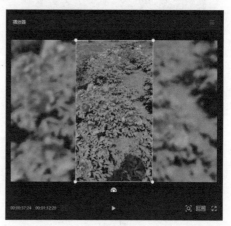

图3-39

在抖音观看视频的时候也经常可以看
到应用模糊背景填充的视频。

3.6.2 颜色

单击"颜色"选项会出现图 3-40 所
示的界面。

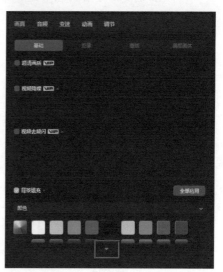

图3-40

此时颜色选择列表没有完全展开，单击"颜色"右侧的下拉按钮，完全展开后的下拉列表如图3-41所示。

图3-41

有3种方法可以设置画布的颜色。

※ 直接在下方的色块处选择除第1个色块之外的其他色块，此时背景会被替换为选择的颜色。

※ 如果色块中没有我们想要的颜色，可以选择第1个色块，此时会出现更加丰富的色彩选择界面，如图3-42所示。

图3-42

可以拖动下方的滑块来选择颜色所在的区间，然后在上方的颜色选择框内选择需要的颜色。选择好后，素材背景的颜色会变成我们选择的颜色。

※ 取色器选色。可以单击颜色选择滑块左侧的吸管图标，如图3-43所示。

图3-43

此时鼠标指针会变成一个取色用的圆环，如图3-44所示。

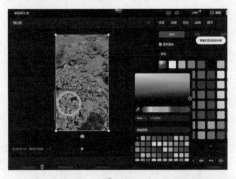

图3-44

移动圆环可以在视频素材的画面里选择需要的颜色，背景颜色会根据圆环的移动实时变化，方便预览效果。当取色器取到需要的颜色后，单击即可应用取到的颜色。

如果有多个需要填充颜色的素材片段，可以单击下方的"全部应用"按钮来将所选颜色应用到全部的素材中，如图 3-45 所示。

图3-45

3.6.3　样式

颜色只是纯色的填充背景。有时候需要更加丰富的背景图案，这时候可以通过样式来选择更加丰富多彩的背景。单击"样式"选项，会出现如图 3-46 所示的界面。

图3-46

单击下方的画布样式缩略图就可以选择剪映预置的画布样式。

3.7 ▶ 视频的导出

剪辑完成后就可以进行视频的导出操作了。在视频导出之前，还需要做一些设置。

3.7.1　确定视频的宽高比

首先根据需要设置输出视频的宽高比。剪辑视频的宽高比默认是根据导入的第 1 个素材的宽高比来确定的。单击时间线区的空白处，取消对时间线区素材的选择，此时属性调节区的界面如图 3-47 所示。

图3-47

单击右下角的"修改"按钮，就会弹出草稿设置界面。在草稿设置界面单击"比例"右侧的下拉框，如图3-48所示。

图3-48

单击后弹出的比例选择下拉列表如图3-49所示。

图3-49

剪映提供了很画面比例选项，下面介绍常见的比例选项。

※ 适应：导入剪辑的原始比例。剪映根据导入剪辑的第1个素材的

比例确定原始比例。

※ 16∶9：长视频常用的比例，适合手机或者平板电脑横屏播放。西瓜、爱奇艺、腾讯视频上的电视或电影等常用这个比例。

※ 9∶16：短视频常用的比例，适合手机或平板电脑竖屏播放。常见短视频软件（比如抖音、快手）上的大部分视频都是这个比例的。

※ 4∶3、3∶4、1∶1：这几个比例不常见，4∶3和3∶4是16∶9普及之前，电视常用的视频比例。1∶1主要使用在小红书、豆瓣等App上。

※ 2.35∶1和1.85∶1：这两个是之前电影常用的宽高比。使用这两个宽高比导出的视频可以给人一种影片化的感觉。

3.7.2 设置视频输出选项

在草稿设置界面的"分辨率""草稿帧率"和"色彩空间"处，可以对视频输出的参数进行设置，如图3-50所示。

图3-50

分辨率默认为自适应分辨率，如果有特殊要求，可以单击"分辨率"右侧的下拉框选择"自定义"选项，从而自由设置视频的分辨率，如图 3-51 所示。

图3-52

在导出界面，可以对导出视频的部分参数进行设置。具体如下。

图3-51

在"长""宽"文本框内，可以手动输入长和宽的数值。

剪映提供的草稿帧率共 5 个，前面已经做过相关介绍，这里就不继续介绍了。

剪映关于色彩空间提供了 3 个模式，默认的是标准模式，如果想制作高动态视频，可以根据需要选择另外的 2 个模式。如果没有什么特殊要求，选择默认设置即可。

设置完成后，单击"保存"按钮，保存做好的设置并退出设置界面。

3.7.3 导出视频

设置完成后，单击剪辑界面右上角的"导出"按钮，可以完成对视频的导出。单击"导出"按钮后弹出的界面如图 3-52 所示。

※ 标题：剪映默认的标题是草稿的创建日期，可以单击此处进行标题的修改。

※ 导出至：剪映默认的导出位置是电脑上的文档/视频文件夹内，可以单击右侧的文件夹图标修改导出位置。

※ 视频导出、音频导出、字幕导出：这 3 个选项前面各有一个复选框，如果只需要导出视频的部分内容，就可以只勾选相应的复选框。

※ 分辨率：更改导出视频的分辨率。

※ 码率：更改导出视频的码率。码率越高，视频越清晰和流畅，相应的视频文件会更大。

※ 格式：剪映支持将视频导出为MP4 格式和 MOV 格式。可以根据自己的需要进行选择。

※ 帧率：调整导出视频的帧率。

3.7.4 设置视频封面

1. 选择封面

如果视频要对外发布，可以考虑给视频设置一个精美的封面。视频封面就是在视频预览界面显示的一张图片。如果不设置，视频的第 1 帧画面就默认是视频的封面。

单击时间线区素材主轨道左侧的"封面"，如图 3-53 所示。

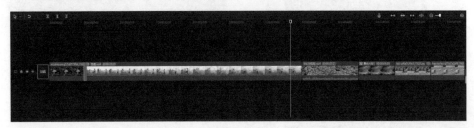

图3-53

这时会弹出封面选择的界面，如图 3-54 所示。

一般情况下可以选择视频中的某一帧作为视频封面。这时左右划动素材主轨道就可以选择视频帧了。

另外也可以从电脑里面选择一张图片作为视频封面，单击"视频帧"右侧的"本地"按钮，弹出的界面如图 3-55 所示。

图3-54

图3-55

单击"+"图标，然后在弹出的界面中浏览本机图片并选择一张作为封面即可，如图 3-56 所示。

2. 编辑封面

选好封面后，还可以对封面进行美化。可以直接选择封面模板来美化封面。单击封面选择界面下方的"去编辑"按钮，如图 3-57 所示。

图3-56

图3-57

弹出的封面设计界面如图 3-58 所示。

图3-58

模板已经做好了分类，找到需要的模板，单击即可将其应用到封面上。应用模板后的封面设计界面如图 3-59 所示。

图3-59

除此之外，还可以单击"模板"右侧的"文本"标签来为封面添加文本，如图 3-60 所示。

图3-60

输入文本后，可以设置文本的各种样式，后面会详细地进行介绍。美化完成后，单击屏幕右下角的"完成设置"按钮，就可以保存设置好的封面了。

完成所有设置后，单击剪辑界面右上角的"导出"按钮，剪映将会对视频进行导出处理，如图 3-61 所示。

图3-61

等待一段时间后，就可以得到一个制作完成的视频了。

第 4 章

素材轨道和
画面裁切

　　素材在被添加到时间线区后就会形成素材轨道。剪映的各种素材都需要被添加到轨道中才可以进行下一步的操作。本章主要介绍基于素材轨道的基本操作和画面的裁切操作。

4.1 ▶ 时间线区中的轨道

　　一般视频素材都是单个镜头录制的画面，如果想在同一个画面中显示更加丰富的内容，可以把其他镜头的画面也插入当前画面。这时就需要用到多个素材轨道。

4.1.1 插入黑屏

　　有时为了更好地过渡素材，需要显示一段黑屏。如果单击并拖动当前素材后面的素材，会发现只能调整素材顺序，剪映不会在两段素材之间插入空白素材或者黑屏。这时候可以通过调整素材轨道来实现将素材中间空白拉大，实现黑屏效果。

图4-1

　　打开剪映，单击"开始创作"按钮进入剪辑界面。然后单击媒体素材区的"导入"按钮，导入本章的素材。导入完成后的界面如图 4-1 所示。

　　先选中"牡丹 1"和"牡丹 2"两个素材，单击素材右下角的"+"图标，如图 4-2 所示。

　　将素材添加到时间线区。添加完成后，如图 4-3 所示。

图4-2

　　可以看到这两段素材都在同一层轨道上，并且它们是紧挨着的。通过预览，发现两段素材之间是直接衔接的，要想增加一点效果，在它们中间插入短时间的黑屏进行过渡。

　　选中要插入黑屏的素材后面的素材（"牡丹 2"），然后按住鼠标左键，向上拖动素材，直到出现一条贯穿素材的蓝色细线，如图 4-4 所示。

图4-3

图4-4

松开鼠标左键，"牡丹2"素材出现在了一个新的轨道上，如图4-5所示。

图4-5

选中上方轨道中的素材（"牡丹2"）后按住鼠标左键并向后拖动，此时两个素材中间空出来一段没有任何素材的部分，如图4-6所示。

图4-6

由于这个部分没有任何素材，剪映在处理这段空白时间时会在这个时间段内生成黑屏来保证视频的连续性，这就实现了我们需要的黑屏过渡效果。可以拖动上方轨道中的素材（"牡丹2"），拉大或缩小其与"牡丹1"之间的空隙来控制黑屏的时长。

上面讲的是如何利用调整轨道来实现黑屏过渡，另外还有一个办法，就是直接插入一个纯黑色背景的素材。纯黑色背景的素材可以在剪映的素材库里面找到。撤销刚才的操作，直到两个素材都在主轨道上，如图 4-7 所示。

图4-7

拖动时间线使它位于两段素材之间，然后单击媒体素材区最左侧的"素材库"标签，如图 4-8 所示。

图4-8

素材库中默认的第 1 个素材就是黑屏素材，将鼠标指针移动到这个素材上面，单击它，剪映会自动将它下载到电脑中。稍后它右下角会出现"+"图标，单击这个图标，将黑屏素材添加到剪辑中，黑屏素材会被添加在之前的两段素材之间，如图 4-9 所示。

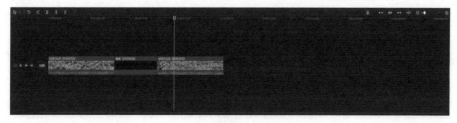

图4-9

素材插入的位置和时间线所在的位置有关。如果时间线处于当前素材的后半段，那么素材会插到当前素材的后面。如果时间线处于当前素材的前半段，素材会插到当前素材的前面。另外视频素材默认是插入主轨道中的，不会插入其他的轨道中。

4.1.2　剪映轨道显示逻辑

剪映轨道显示逻辑是指上层轨道的画面会显示在下层轨道画面的上方，素材所处轨道越靠上，素材画面显示的位置越靠前。向上拖动刚才插入的黑屏素材，将它放到新的轨道中，稍微向右调整，使它的结尾和第 2 段素材的结尾对齐，如图 4-10 所示。

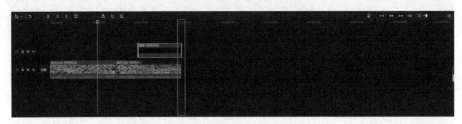

图4-10

素材对齐时，在第 2 段素材的右侧会出现一条蓝色的竖线。此时松开鼠标左键就完成了两段素材的对齐。然后单击媒体素材区的"本地"标签，单击白色背景图片右下角的"+"图标，如图 4-11 所示。

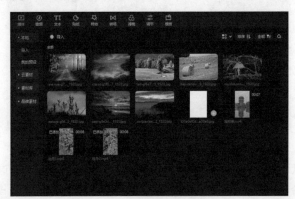

图4-11

将白色背景图片添加到主轨道中，如图 4-12 所示。

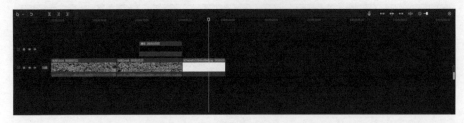

图4-12

选中白色背景素材，按住鼠标左键，将白色背景素材向上拖动，放置在黑屏素材上方的轨道中。为了更好地展示轨道的层级效果，将白色背景素材的开始位置放在黑屏素材的后面一些，如图 4-13 所示。

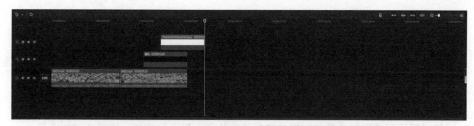

图4-13

此时拖动时间线到黑屏素材和第 2 段素材的位置，如图 4-14 所示。

图4-14

此时可以在播放器区的预览界面看到，黑屏素材遮盖了第 2 段素材的画面。将时间线拖动到黑屏素材、白色背景素材、第 2 段素材都存在的轨道的位置，然后选中白色背景素材，在播放器区拉动边框，缩小白色背景素材画面的大小，如图 4-15 所示。

图4-15

这时可以看到，播放器区的黑屏素材被白色背景素材遮盖了。白色背景素材的轨道位于所有轨道的上层，它的画面就显示在所有画面的上方。所以说，如果有多层轨道，那么最上层轨道中的素材画面会显示在所有素材画面的最上方。

4.1.3 显示层级的调整

当有多层轨道时，如果不想按照默认的画面层级显示，但是也不想移动视频轨道，这时可以通过调整层级来改变画面的显示。

将时间线移动到需要调整层级的素材都在轨道上显示的位置，如图4-16所示。

图4-16

选中需要调整层级的素材，然后拖动属性调节区右侧的滚动条，一直拖到最底部，如图4-17所示。

图4-17

示例除了主轨道外，一共有两个图层。当前被选中的素材位于第1层，单击"2"就可以将选中的素材的层级调整为2，如图4-18所示。

此时在播放器区，可以看到选中的黑屏素材已经显示在了白色背景素材的上方。需要注意的是：主轨道素材是无法调整层级的，它默认位于所有图像的最底层。要调整层级的时候，一定要将时间线的位置拖动到要调整的素材都在轨道上显示的位置。

图4-18

4.1.4 轨道切换操作

将素材添加到剪辑中时，所有的素材都默认添加到主轨道上面。如果需要实现各种特效或者视频效果，需要将视频移动到其他轨道上。

- ※ 移动到新的轨道。通过前面的示例可知，如果要将主轨道的素材切换到其他轨道上，只需要拖动素材到指定的轨道然后松开鼠标左键。
- ※ 移动到两层轨道中间。例如要将刚才的白色背景素材移动到黑屏素材所在轨道和主轨道之间。选中素材，然后拖动素材到两层轨道之间，等到两层轨道之间出现一条蓝色横线时，如图 4-19 所示，松开鼠标左键，选定的素材就被移动到黑屏素材所在轨道和主轨道中间，如图 4-20 所示。

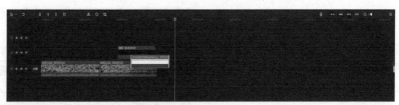

图4-19

图4-20

※ 切换到其他轨道中的指定位置。选中并拖动要切换轨道的素材至指定的位置，例如将黑屏素材拖至主轨道上两个素材之间，此时原轨道中的两个素材之间会出现空隙，如图 4-21 所示，松开鼠标左键，素材就被移动到了指定的位置，如图 4-22 所示。

图4-21

图4-22

4.2 画面的裁剪、缩放和旋转

有时拍摄的素材不是很好，在剪辑的时候就需要对有问题的部分进行裁剪或者其他操作。本节主要介绍如何实现画面的裁剪、缩放和旋转。

4.2.1 在播放器区操作

将时间线移动到要调整素材的位置，选中素材片段，这时播放器区的视频画面会出现白色边框，如图 4-23 所示。

此时可以通过拖动边框的四角来改变画面的大小，放大画面后，溢出边框的部分将不会显示。缩小画面后，空出的部分会被黑色背景填充。

图4-23

当缩小画面后，图像下方会出现一个圆形图标，如图 4-24 所示。

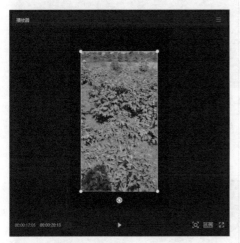

图4-24

拖动这个图标，可以对画面进行旋转，如图 4-25 所示。

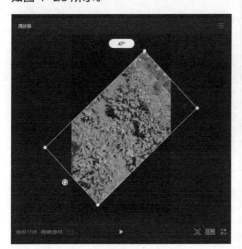

图4-25

播放器区上方会显示旋转的度数。当旋转到 90°、180°、270° 时，旋转界面会有短暂的停顿，以便进行这些度数的旋转。

4.2.2　在属性调节区操作

也可以在属性调节区对画面进行缩放裁切和旋转。选中素材后，属性调节区会出现画面的调整选项，如图 4-26 所示。

图4-26

※　缩放操作：可以直接拖动"缩放"处的滑块来调整画面的大小，或者在滑块右侧的数值框内输入数值然后按 Enter 键来调整画面的大小。

※　旋转操作：在"旋转"右侧的数值框内输入需要旋转的角度然后按 Enter 键来进行旋转的调整。此外也可以拖动"旋转"右侧的圆形图标，进行画面的旋转。

4.2.3　在时间线区操作

此外，利用时间线区的快捷按钮也可以进行素材画面的缩放和旋转操作。同时时间线区还提供了一个镜像工具。

选中需要调整的素材，时间线区就会出现对应的快捷按钮，如图4-27所示。

图4-27

※ 旋转：单击时间线区的旋转图标，如图4-28所示。此时画面会旋转90°，同时预览框上方会短暂出现90°标识，重复单击此图标，旋转角度会在90°、180°、270°和360°之间切换。

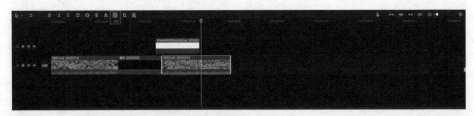

图4-28

※ 镜像：单击时间线区快捷功能区的镜像图标，如图4-29所示。此时画面会绕中轴做镜像翻转的操作。

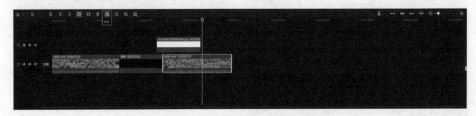

图4-29

如果用手机的前置摄像头拍摄的人像效果和人站在镜子前的效果不一致，就可以使用这个功能来使它们保持一致。

※ 裁剪：单击时间线区快捷功能区上的裁剪图标，如图4-30所示，此时会弹出"裁剪"对话框，如图4-31所示。

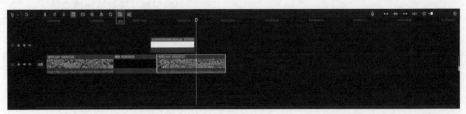

图4-30

图4-31

在"裁剪"对话框中，可以拖动图像四周的调节点来进行画面的裁剪；可以通过拖动界面下方"旋转角度"右侧的滑块来对画面进行旋转，单击"裁剪比例"右侧的下拉框，可以调整裁剪框的比例，如图 4-32 所示。

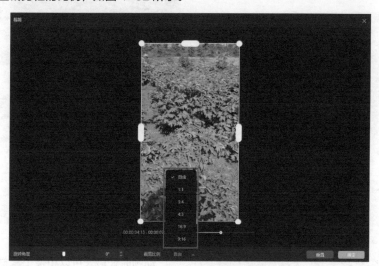

图4-32

裁剪比例默认为"自由"，即可以随意调整裁剪比例，高度、宽度都可以调整。其他比例则提供固定比例来进行裁剪。剪映预置了许多比例可供选择。使用预置比例来裁剪时，只能调整裁剪框的大小，无法调整裁剪框的宽高比。

裁剪完成后，可以单击对话框右下角的"确定"按钮来确认裁剪结果。如果对裁剪结果不满意，可以单击"重置"按钮来撤销裁剪操作。

4.3 ▶ 动画效果

如果不想让后一个素材和前一个素材的衔接过于生硬，可以使用剪映提供的动画效果来实现场景的过渡。

动画效果表面上看和前面的转场效果有些相似。但是这两个效果还是有不同的。转场是两个视频素材之间的过渡，产生的效果对前一个素材和后一个素材都有影响。动画效果只针对当前选中的素材，不会影响到这个素材前面的素材和后面的素材。

下面就介绍如何进行动画效果的相关操作。选中第 1 个视频素材，然后单击属性调节区的"动画"标签，界面如图 4-33 所示。

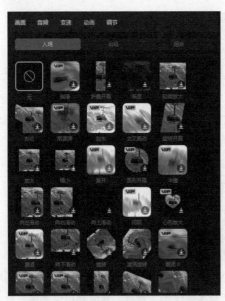

图4-33

动画效果根据在视频素材的开头、结尾和中间分为入场动画、出场动画、组合动画 3 类。

4.3.1 入场动画

入场动画，顾名思义，就是指素材切入场景时的动画效果。单击"动画"标签后，默认出现的就是图 4-33 所示的入场动画选择界面。

剪映提供了很多入场动画效果，可以单击各个效果进行预览。选择动画效果后，可以通过下方的时间轴更改入场动画的持续时间，如图 4-34 所示。

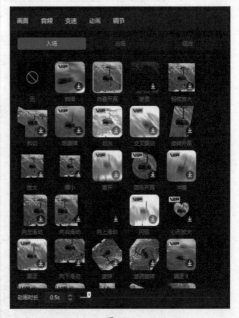

图4-34

动画时长最长可以和整个素材时长相同，当然除非素材非常短，一般不建议这样做。剪映会用在素材轨道上素材下方的一条短线来提示入场动画所占的部分，如图 4-35 所示。

图4-35

4.3.2 出场动画

出场动画和入场动画相反，是指素材末尾切换到别的素材时的效果。单击属性调节区"动画"界面的"出场"标签，就可以设置出场动画。选定出场动画后，如果前面设置了入场动画，此时下面的时间轴上会出现两个滑块，如图 4-36 所示。

也会有一个短线来进行提示。

4.3.3 组合动画

组合动画在素材入场和出场都有效果。组合动画默认覆盖整个视频素材，时长的调节方式是移动时间轴上的两个滑块，如图 4-37 所示。

图4-36

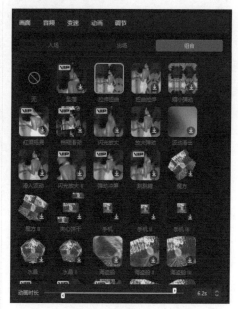

图4-37

左侧滑块用于调整入场动画时长，可以调节右侧滑块来调整出场动画的时长。和入场动画一样，有出场动画效果的部分

以上 3 种动画效果可以独立运用，也可以组合运用，以达到更好的效果。

第 5 章

关键帧和画
面定格

剪映关键帧功能是处理视频中各种动画和特效的基础，恰当地使用关键帧可以使动画效果更加生动有趣。本章主要介绍剪映关键帧的基本用法和画面定格的相关操作。

5.1 ▶ 关键帧动画

要理解关键帧动画，首先要明白什么是帧。帧是动画中最小单位的单幅影像画面，相当于电影胶片上的每一格镜头。在软件的时间轴上，帧表现为一格或者一个标记。关键帧是指角色或者物体运动变化中关键动作所处的那一帧，相当于二维动画中的原画。关键帧与关键帧之间的动画可以由软件创建添加，叫作过渡帧或者中间帧。

关键帧动画是根据我们设置的关键帧，从起始画面到结束画面之间的部分由软件来生成的一个画面变化的运动画面。生成关键帧动画最主要的就是对关键帧的设置。比如要做一段放大的动画，需要设置一个扩大后的关键画面作为关键帧，那么剪映会计算出从视频片段开始到这个帧之间的变化过程。如果没有这个关键帧，那么剪映不会处理中间的画面变化，视频就不会有扩大的动画效果。

关键帧动画可以用来制作各种各样的动画效果，如做画面放大或者缩小的动画，做画面移动（位置变化）的动画。下面结合两个具体的示例来介绍一下。

5.1.1 画面缩放

当要强调某个物体时，我们一般会首先将整个物体放入画面，然后将画面逐渐放大，以此突出要强调的物体。

首先打开剪映，然后单击"开始创作"按钮进入剪辑界面。导入本章的素材到媒体素材区。导入完成后的剪辑界面如图 5-1 所示。

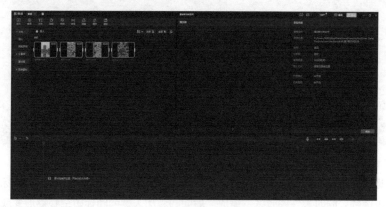

图5-1

单击牡丹花图片素材右下角的"+"图标，将素材添加到时间线区的轨道上，如图 5-2 所示。

图5-2

插入图片素材的默认时长是 5s，在剪映时间线区显得很短。为方便编辑，单击时间线区快捷功能区右侧的放大图标，或者按住 Ctrl 键，然后向上滚动鼠标滚轮，放大时间轴的显示。放大后的效果如图 5-3 所示。

图5-3

拖动时间线到视频开始的位置，然后在属性调节区单击"缩放"右侧的添加关键帧图标，如图 5-4 所示。

图5-4

在此处插入一个关键帧。插入关键帧后，时间线处会出现一个菱形图标，标志此处有一个关键帧。同时属性调节区"缩放"后面的添加关键帧图标由空心菱形变成蓝色的实心菱形，如图 5-5 所示。

图5-5

这个关键帧标志视频图像从此处开始变化。然后移动时间线，使时间线处于素材中间的位置，此时在属性调节区调整图像。修改"缩放"右侧的比例为 200%，剪映会在时间线所在位置自动插入一个关键帧，如图 5-6 所示。

图5-6

再次拖动时间线，使时间线处于素材的末尾处，在属性调节区调整图像，修改"缩放"右侧的比例为 100%，剪映同样会在时间线所在的位置自动插入一个关键帧，如图 5-7 所示。

图5-7

这个时候就完成了一个简单的放大后缩小的动画，可以在播放器区进行预览。

5.1.2 画面移动

关键帧动画不仅可以实现画面缩放的动画效果，还可以实现画面移动的动画效果。打开剪映，然后单击"开始创作"按钮，进入剪辑界面。从电脑中导入牡丹花图片素材并将它添加到轨道中，如图 5-8 所示。

图5-8

单击媒体素材区的"素材库"标签，在素材列表上方的文本框输入"蜜蜂"并按 Enter 键，接下来选择图 5-9 中红框所示的蜜蜂素材。

图5-9

剪映会自动下载这个素材，等下载完成后，单击素材右下角的"+"图标将素材添加到素材轨道上，如图 5-10 所示。

图5-10

由于需要两个素材画面同时显示，所以需要移动蜜蜂素材至新的轨道，如图 5-11 所示。

图5-11

此时可以看到蜜蜂素材的播放时间较长，需要删除多余的部分。拖动蜜蜂素材，使它的开始时间和主轨道素材的开始时间对齐，拖动时间线使它处于主轨道素材的末尾处。选中蜜蜂素材，单击时间线区快捷功能区中的向右裁剪图标，如图 5-12 所示。

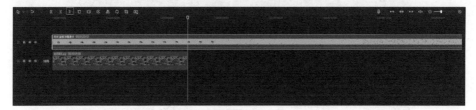

图5-12

裁剪后的蜜蜂素材长度和主轨道素材长度相同，如图 5-13 所示。

图5-13

不需要绿色的背景，所以需要先对蜜蜂素材进行抠像操作。选中蜜蜂素材，然后单击属性调节区"画面"界面的"抠像"标签，如图 5-14 所示。

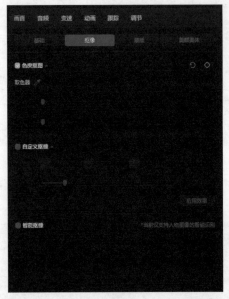

图5-14

勾选"色度抠图"选项，然后单击"取色器"右边的吸管图标。将鼠标指针移动到播放器区，如图 5-15 所示。

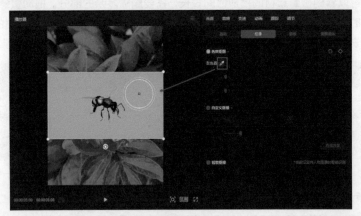

图5-15

在播放器区的绿色背景区域单击，然后设置强度值为 70，阴影值为 10 。可以从播放器区看到蜜蜂后面的绿色背景已经被抠掉，如图 5-16 所示。

由于原素材的蜜蜂只是在原地做扇翅膀运动，需要让蜜蜂在花周围移动。这时候我们就可以利用关键帧动画开始制作蜜蜂飞行动画了。首先选中蜜蜂素材，然后拖动时间线到素材的开始位置，也就是想要蜜蜂开始移动的位置。单击属性调节区"画面"界面的"基础"标签，单击"位置大小"右侧的插入关键帧图标，如图 5-17 所示。

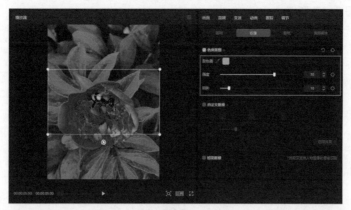

图5-16

图5-17

拖动时间线到素材大约 1/4 处，移动播放区预览图上的蜜蜂画面，使它的位置在牡丹花画面的右下角，这时候剪映自动插入了一个关键帧，如图 5-18 所示。

图5-18

继续拖动时间线到素材中间位置，然后在播放器区移动蜜蜂画面到牡丹花画面的左下角，如图 5-19 所示。

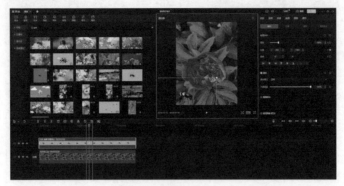

图5-19

　　继续拖动时间线到素材 3/4 左右的位置，然后在播放器区移动蜜蜂画面到牡丹花画面的左上角，如图 5-20 所示。

图5-20

　　继续拖动时间线到素材结尾的位置，然后在播放器区移动蜜蜂画面到牡丹花画面的右上角，如图 5-21 所示。

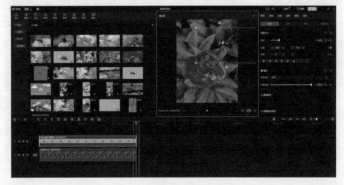

图5-21

完成后可以看到蜜蜂所在的素材轨道上有 5 个关键帧，如图 5-22 所示。

图5-22

通过这 5 个关键帧，就可以完成蜜蜂在花周围飞行的动画了。以上就是一个简单的物体移动的关键帧动画的制作过程。当然在示例中，蜜蜂只是做了简单的直线运动。如果需要实现更复杂的动画效果，需要添加更多的关键帧。

除了图片和视频素材外，音频素材也可以添加关键帧，可以用来调整音量大小的变化，实现音乐或者背景音淡入淡出的效果或者其他效果。

对文本和字幕也可以应用关键帧。只要是能出现在素材轨道上的都可以应用关键帧。音频和文本的关键帧应用会在后文讲解。

5.1.3　删除关键帧

如果关键帧的设置有错误，或者需要调整关键帧的位置，这时需要删除当前位置的关键帧。首先选中要删除关键帧的素材，然后拖动时间线，使时间线处于关键帧的位置。此时属性调节区相应位置的添加关键帧图标变成蓝色的实心菱形，如图 5-23所示。

图5-23

单击蓝色的实心菱形图标，即可删除当前位置的关键帧。

5.2▶ 画面定格

当移动的图像或者变化的图像忽然变成静止的图像时，这叫作画面定格。

打开剪映，单击"开始创作"按钮，然后导入素材，并将它添加到时间区的剪辑轨道中，如图 5-24 所示。

图5-24

选中素材，拖动时间线使它处于需要画面定格的位置，单击时间线区快捷功能区上的定格图标，如图 5-25 所示。

图5-25

此时剪映会截取当前时间线位置的画面并生成一段 3 秒的定格素材，如图 5-26 所示。

图5-26

定格可以用来突出某个动作或者画面，比如体育比赛中的冲线画面、婚礼中的甜蜜瞬间，或者视频借位的片尾标题等。

5.2.1 画面定格应用——片尾标题

拖动时间线使它处于所有素材的末尾，选中轨道中的素材，然后单击时间线区快捷功能区上的定格图标，如图 5-27 所示。

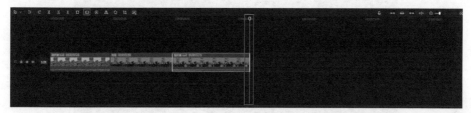

图5-27

此时剪映会在片尾处添加一个时长为 3 秒的定格画面，如图 5-28 所示。

图5-28

时间线右侧的就是定格画面的素材。选中定格画面的素材，拖动素材的右侧边框，可以调整素材的时间，可以调整到和我们设计的片尾相同的长度。在结尾的定格画面里，可以添加文本。单击媒体素材区的"文本"按钮，如图 5-29 所示。

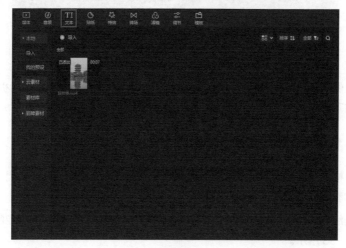

图5-29

弹出的界面如图 5-30 所示，单击"文字模板"标签。

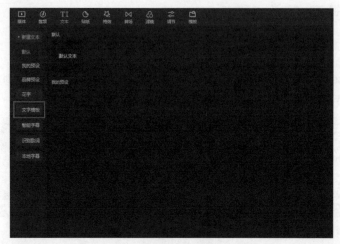

图5-30

弹出的界面如图 5-31 所示。

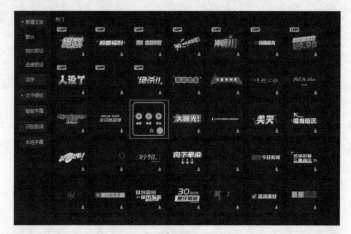

图5-31

剪映提供了非常多的文字模板，此处选常用的"点赞 关注 评论"这个模板。选中后，单击模板右下角的"+"图标，就可以应用到定格画面上了。

5.2.2 画面定格应用——拍照效果

画面定格的另一个功能是模拟相机的拍照效果。下面介绍如何实现拍照效果。首先按照前面的教程将示例素材添加到时间线区，如图 5-32 所示。

将时间线移动到素材的末尾处，选中素材，然后单击时间线区快捷功能区的定格图标，如图 5-33 所示。

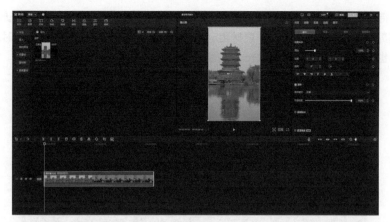

图5-32

图5-33

剪映会在素材后面生成一个定格片段，如图5-34所示。

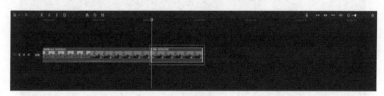

图5-34

单击媒体素材区的"转场"按钮，然后在左侧单击"拍摄"标签，再单击"拍摄"分类里面的"拍摄器"效果，如图5-35所示。

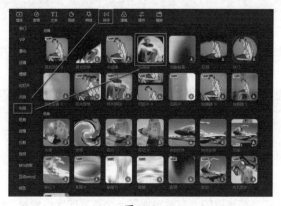

图5-35

等待剪映将拍摄器效果下载完成后，单击效果右下角的"+"图标将这个转场效果应用到剪辑中。添加完成后，原素材和定格素材之间会出现一个转场标志。此时属性调节区内也可以调整转场效果的时长，如图5-36所示。

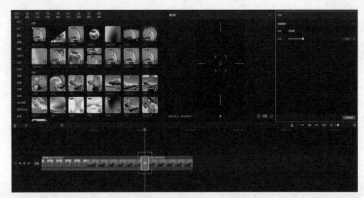

图5-36

这样一个简单的拍照效果就做好了。为了使拍照效果更加鲜明和个性化，可以进行进一步的剪辑。

右击定格画面，然后在弹出的快捷菜单中单击"复制"，如图5-37所示。

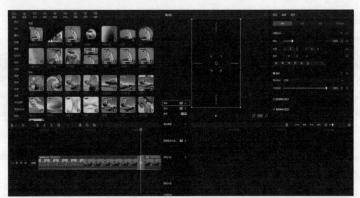

图5-37

在定格素材上方的轨道内单击鼠标右键，然后在弹出的快捷菜单中单击"粘贴"，如图5-38所示。

图5-38

粘贴完成后，在当前轨道的上方就出现了一个重复的定格素材，如图5-39所示。

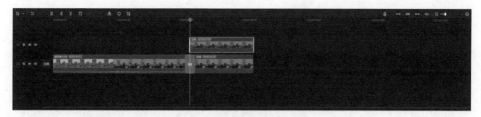

图5-39

选择上方轨道的定格素材，在属性调节区内将图像的"缩放"数值修改成70%，然后将"旋转"角度改为30°，如图 5-40 所示。

图5-40

单击下方轨道的定格素材，在属性调节区调整图像的不透明度，将"不透明度"调整为 0%，如图 5-41 所示。

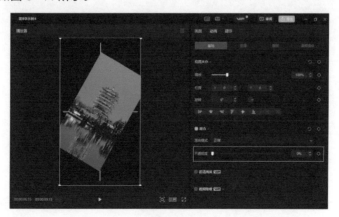

图5-41

这样一个更加具风格的拍照效果就做好了。本章的示例都是比较简单的，旨在帮助大家更好地理解各个功能如何运用，如何制作出更好的效果，需要大家在日后的剪辑过程中逐步深入体会。

第 6 章

声音的处理

前文讲解了视频素材画面的处理方法。但是视频不只有画面，还有声音。"没有声音，再好的戏也出不来"。声音处理的好坏，会在很大程度上影响剪辑完成后作品效果的好坏。本章讲解声音的处理。

6.1 ## 音乐和音效的添加及应用

如果对素材原声不满意，或者想直接使用其他音乐，这时可以通过剪映的音频功能来完成对声音的处理。首先打开剪映导入本章的示例素材，并将它添加到时间线区，如图 6-1 所示。

图6-1

单击媒体素材区的"音频"按钮，就会出现音频素材的列表界面，如图 6-2 所示。

图6-2

剪映提供了音乐素材、音效素材、音频提取、抖音收藏、链接下载等几种添加音频的方式。

6.1.1　插入音效

剪映里面有各种各样的音效，抖音短视频里面常见的热门音效都可以在这里找到。在媒体素材区的"音频"界面单击"音效素材"标签，如图6-3所示。

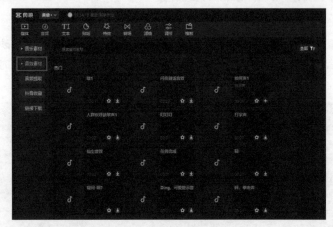

图6-3

剪映根据声音效果提供了详细的分类以方便我们使用。单击对应的标签即可切换到相应的分类，单击音效的名称就可以进行下载和试听效果。下载完成的音效右下角会出现"+"图标。单击这个图标就可以把这个音效添加到素材中。

单击音效名称右下方的五角星图标，可以将音效收藏，收藏过的音效的五角星图标会变成黄色实心的五角星，并且该音效会出现在"收藏"标签里，如图6-4所示。

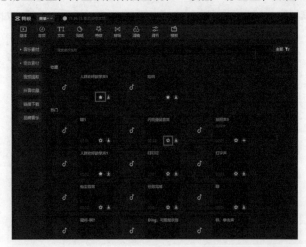

图6-4

以后需要使用收藏过的音效时可以直接在"收藏"标签里面浏览并进行选择。如果不想逐个浏览，也可以根据自己的需求，直接输入相关的关键词进行搜索，如图 6-5 所示。

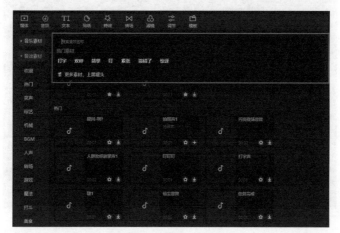

图6-5

单击列表上方的文本框可以直接输入要搜索的内容，按 Enter 键开始搜索。另外剪映也在文本框下方列出了常用的素材名称，单击对应的名称可以直接进行搜索。

音效根据需要来使用，如果做一个比较长的视频，片段之间过渡得很自然，那么就不需要设置音效。如果要使用很多短小的不同素材来组成一个长视频，那么这个时候转场有音效就是一个比较好的选择。

常用的音效基本上都可以在"热门"分类里面找到，例如疑问声、鼓掌声等。当我们看喜剧时，常见的背景里的人群大笑声就可以在这里找到。热门音效如图 6-6 所示。

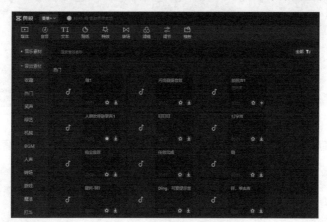

图6-6

有时候录制的时候环境音比较嘈杂，很难录到清晰的风声、鸟声或者雨声，或者这些声音被其他声音所干扰。这时可以在"环境音"分类下找到相关的素材，单击对应的名称来试听。单击音效素材下面的"环境音"标签，界面如图 6-7 所示。

图6-7

下面为素材添加一段音频。将时间线移动到视频素材的开头。单击媒体素材区的"音频"按钮，在选中列表中的第 1 个，等待下载完成，单击音频选项右下角的"+"图标将音频添加到剪辑中。如图 6-8 所示。

图6-8

添加音频后，时间线区会出现音乐轨道，默认位于主轨道的下方，如图 6-9 所示。

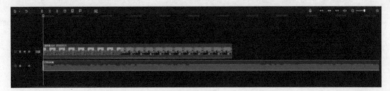

图6-9

可以看到所添加的音频比视频素材要长，可以通过和处理视频素材类似的方式来删除不需要的音频部分。选中要处理的音频，将时间线拖动到视频的末尾处，然后单击时间线区快捷功能区上的向右裁剪图标，如图 6-10 所示。

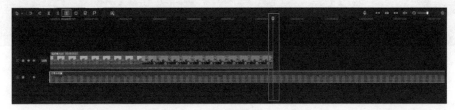

图6-10

剪映会自动裁剪掉时间线后面部分的音频。裁剪后的效果如图 6-11 所示。

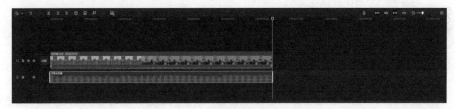

图6-11

如果音频片段的时长较短，可以采用重复添加的方式来增加其时长，当然这时需要考虑重复添加是否与视频适配。

6.1.2　音频的淡入淡出

在 6.1.1 节中音频和视频是同时开始和结束的。为避免声音转换显得突兀，或者声音音量突然变大给人一种很突然的感觉，可以使用淡入淡出功能来处理一下音频。单击音频，然后在属性调节区调整音频的"淡入时长"和"淡出时长"，都调整为 0.5s 左右，如图 6-12所示。

设置淡入时长和淡出时长后，音频轨道会有相应的界面来表示，如图 6-13所示。

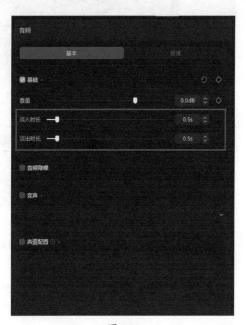

图6-12

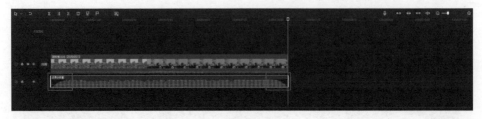

图6-13

左侧是淡入效果的标识，右侧是淡出效果的标识。

6.2 音频提取和分离

6.2.1 音频提取

如果想插入的音乐或者音效包含在本机的一段视频里面，这时可以使用剪映提供的音频提取功能，把视频中的音频提取出来插入我们的作品。单击媒体素材区的"音频"按钮，然后单击"音频提取"按钮，出现的界面如图 6-14 所示。

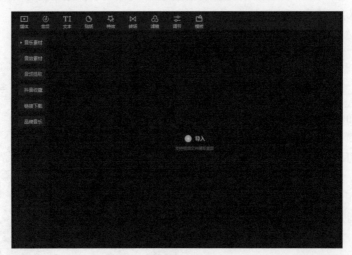

图6-14

单击界面内的"导入"按钮，在弹出的对话框中选择要提取音频的视频文件，如图 6-15 所示。

作为演示，直接使用示例内的视频素材即可。选中视频素材，单击"打开"按钮，剪映会自动提取视频里面的音频内容。提取出的音频会在媒体素材区显示，如图 6-16 所示。

图6-15

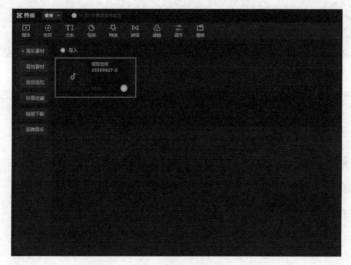

图6-16

提取出的音频以提取的时间命名。单击音频右下角的"+"图标就可以将音频添加到剪辑中了。

6.2.2 从抖音收藏中导入音乐

此处的抖音收藏是指你登录剪映的抖音账号在抖音 App 中收藏的音乐，不是带音乐的视频。

下面介绍如何导入抖音收藏的音乐，单击媒体素材区的"音频"按钮，然后单击左侧的"抖音收藏"标签，弹出的界面如图 6-17 所示。

如果之前在抖音 App 里面收藏过音乐，那么列表里面就会出现我们收藏的音乐。单击音乐名称，剪映就会自动将音乐下载到电脑中。下载完成后，单击音乐右下角的"+"图标可以将音乐添加到剪辑中，如图 6-18 所示。

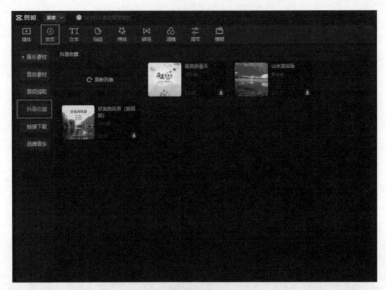

图6-17

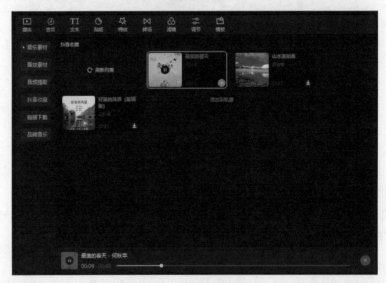

图6-18

如果之前没有在抖音中收藏过音乐，可以参考下面的方法收藏音乐。

下面简要介绍在抖音App中如何收藏音乐。

打开抖音App，在抖音视频的右下角有一个碟片的标志，如图6-19所示。

单击碟片标志，此时会出现音乐的界面，如图6-20所示。

这时可以单击"收藏音乐"按钮来收藏。收藏后就可以在剪映的"抖音收藏"分类中使用了。

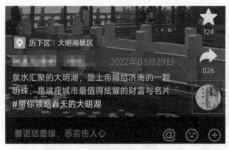

<table>
<tr><td>图6-19</td><td>图6-20</td></tr>
</table>

6.2.3 音频分离

有时候需要将视频素材的声音去掉，或者进行修改和调整，这时可以使用剪映的关闭原声和分离音频功能。

如果只是简单地不播放视频的原声，可以直接在时间线区最左侧的轨道信息界面，单击扬声器图标，如图 6-21 所示。

图6-21

关闭原声后，此处的扬声器图标变成了蓝色的静音状态，如图 6-22 所示。

图6-22

如果想处理这段素材里面的声音，就需要将声音从素材里面分离出来。右击素材，然后在弹出的快捷菜单中，单击"分离音频"，如图 6-23 所示。

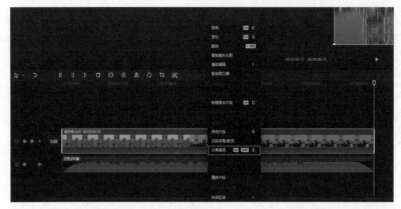

图6-23

单击后，剪映就会将音频分离出来，并在视频轨道的下方存放分离出来的音频。这时可以看到原来的素材轨道下方多了一条声音的轨道，如图 6-24 所示。

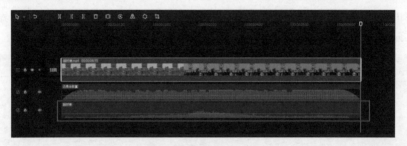

图6-24

分离出来的音频此时就是一个独立的音频片段了，和之前的视频素材没有任何关系。可以对它进行任意的处理，甚至可以在不需要的时候删除掉它。

如果不小心删除了分离出来的音频，但是后来发现还需要这段音频，可以右击视频素材，然后单击"还原音频"，如图 6-25 所示，剪映会自动还原视频自带的音频。

图6-25

6.3 ▶ 旁白制作处理

如果要给素材添加一个旁白，可以通过多种方法实现。

6.3.1 直接录制旁白

最简单的一种方法是直接录制旁白，单击时间线区快捷功能区右侧的麦克风图标，如图 6-26 所示。

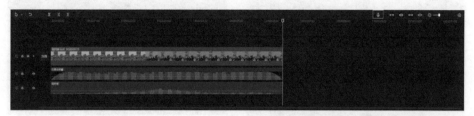

图6-26

这时会弹出"录音"界面，如图 6-27 所示。

如果有其他专用的录音设备，可以在输入设备处选择录音设备，在输入音量处可以调整录制的音量大小。

另外"回声消除"和"草稿静音"可以根据实际需求进行勾选。

单击红色圆点进行录制，剪映会在检测到人声后开始录制。将准备好的旁白对着手机的麦克风朗读出来就可以了。录制完成后，可以在时间线区看到录制的音轨，如图 6-28 所示。

图6-27

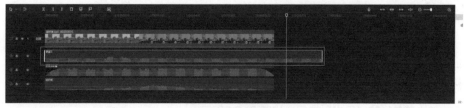

图6-28

6.3.2　图文成片功能生成旁白

如果对自己的声线不太满意或者不喜欢自己的声音出现在作品里面。还有另外一个办法，就是前文提到的图文成片功能。打开剪映，单击主界面的"图文成片"按钮，如图6-29所示。

图6-29

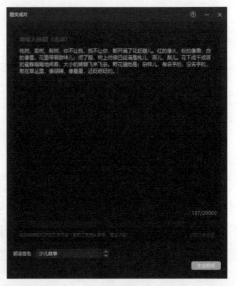

图6-30

在弹出的对话框里面，单击正文文本框，然后输入旁白文本。如果已经在其他软件将旁白文本编辑好了，可以将旁白文本直接粘贴到图文成片的正文文本框里面。以从朱自清的《春》中节选的一部分文本为例，将它粘贴到文本框内，如图6-30所示。

图文成片最多支持20000个文字的旁白。单击下方"朗读音色"下拉框可以选择朗读的音色。设置完成后，单击右下角的"生成视频"按钮。

此时剪映将会进行素材的生成，如图6-31所示。

图6-31

等待一段时间后，素材生成完成，剪映会自动跳转到剪辑界面，如图6-32所示。

可以看到素材有4层轨道，最下方的2层轨道是音频轨道。可以通过试听来分辨哪一个是需要的旁白声音。单击不是旁白的音频轨道，然后单击时间线区快捷功能区的"删除"按钮将这层轨道删除，如图6-33所示。

单击菜单栏的"导出"按钮，如图6-34所示。

图6-32

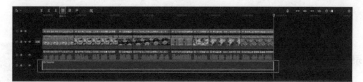

图6-33

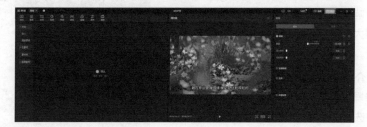

图6-34

在弹出的"导出"界面中，取消勾选"视频导出"和"字幕导出"选项，只勾选"音频导出"选项，如图6-35所示。

选择完成后，单击下方的"导出"按钮。等待一段时间，剪映会弹出音频导出完成的提示，如图6-36所示。

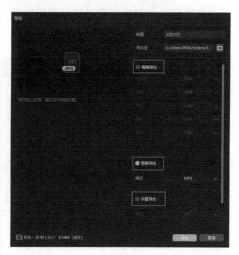

图6-35

图6-36

导出完成的音频默认保存在"文档"/
视频文件夹中。下次要使用的时候，可以
在这个文件夹导入旁白的音频文件。

音频的降噪和变声处理

6.4.1 降噪处理

如果录制视频的时候，需要一边解说
一边拍摄，但是拍摄的环境比较嘈杂或者
没有使用专业的录音设备，环境的噪声有
时候会影响到解说的语音。如果环境噪声
不是特别大，可以使用剪映提供的降噪功
能来处理。

下面介绍在剪映中如何进行降噪处理。
选中要降噪处理的声音素材，然后在属性
调节区勾选"音频降噪"选项，如图6-37
所示。

此时剪映会对选中的素材片段中的音
频进行降噪处理。处理完成后会弹出降噪

完成的提示，如图 6-38 所示。

图6-37

图6-38

可以单击播放器区的播放按钮来试听降噪后的音效。

受制于算法和技术，软件降噪的效果不能说完美，只能说可以提高解说的声音质量，不可能达到完全消除噪声的程度。降噪对于有规律的噪声的处理效果比较好，如风声、雨声、风扇转动的声音等。由于降噪是对音频进行处理，也有可能会影响到声音的质量。所以进行降噪处理后，最好先试听一下音效再进行下一步处理。

如果拍摄环境在室外，而且环境声音比较嘈杂，单纯使用剪映的降噪功能效果可能会不太明显。可以通过其他措施来降低环境的噪声，比如给手机连一个有线耳麦，然后讲解的时候紧贴着麦克风。

6.4.2 变声处理

我们在抖音上听到的各种奇怪的变声基本上都是通过变声处理功能来处理的。选中要处理的素材，然后勾选属性调节区"音频"界面的"变声"选项，如图 6-39 所示。

图6-39

单击变声下方的下拉框，可以弹出变声的选项，如图 6-40 所示。

图6-40

以"女生"为例来介绍。选中"女生"后，属性调节区界面如图 6-41 所示。

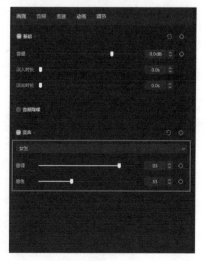

图6-41

拖动"音调"的滑块可以调整声音的音调，拖动"音色"的滑块可以调整声音的音色。可以根据自己的需要进行调整。中间如果不满意，还可以单击"变声"右侧的重置图标，音调和音色选项会恢复为默认值。每个变声效果的设置选项都不一样，读者可以单击后自己调整进行试听。

第 7 章

文本和贴纸给视频锦上添花

本章讲解剪映里面的文本处理功能，就是给视频添加文本注释或者解说。类似的应用如歌曲的字幕、电影的台词与演员表等。

7.1 ▶ 新建文本

首先导入本章的素材到主轨道中，如图 7-1 所示。

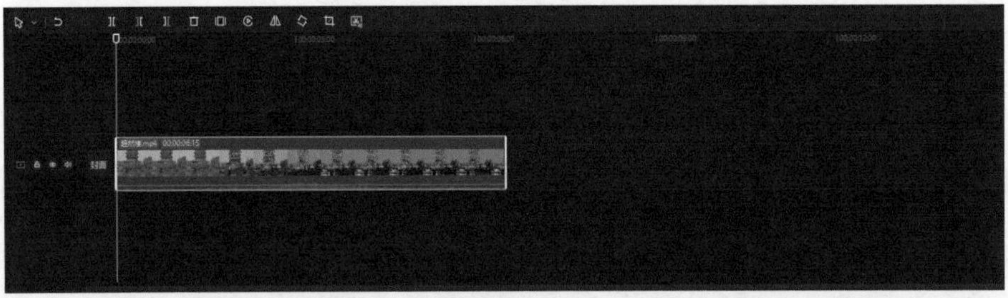

图7-1

单击媒体素材区的"文本"按钮，然后选中"默认文本"，并单击右下角的"+"图标将文本添加到剪辑中，如图 7-2 所示。

图7-2

添加完成后，时间线区会添加 1 条文本轨道。当选中文本轨道时，属性调节区会变为文本属性的调整界面，如图 7-3 所示。

同时在播放器区会出现文本的预览和调整框，如图 7-4 所示。

图7-3

图7-4

可以拖动文本改变位置，也可以拖动文本框四周的圆点来调整文本的大小。另外拖动文本框下方的旋转按钮可以调整文本的旋转角度。

7.1.1 文本基础属性设置

选中文本轨道，此时属性调节区会出现文本属性调整界面，如图 7-5 所示。

图7-5

界面上方有一个文本框，单击文本框，可以更改输入的文本。例如将默认的文本更改为" 大明湖超然楼"，此时播放器区的文本也随之发生变化，如图 7-6 所示。

图7-6

更改文本后，就可以对文本属性进行详细设置了，下面逐项进行介绍。

※ 字体：剪映默认的字体是系统字体。可以单击"字体"下拉框来选择合适的字体，如图7-7所示。剪映提供了非常多的字体样式。字体右边的下载图标表示电脑上还没有这个字体，需要下载下来才可以使用。在单击相应字体的时候，字体会自动下载到我们的电脑上并应用到输入的文本上面。我们随时都可以在播放器区查看效果。大家不用担心试用字体会占用很大的空间，字体文件占用的空间很小。部分字体的左上方有"可商用"3个小字，表示可以将这个字体应用在商用作品中。可以单击字体右侧的空心五角星图标进行收藏，收藏后字体右侧的空心五角星会变为黄色的实心五角星，并且相应字体会出现在"我的收藏"下方。

※ 字号：可以设置字体的大小。可以拖动滑块进行设置，也可以直接在右侧的数值框中输入字号的大小来调整。

※ 样式：样式右侧提供了3个图标，

分别对应粗体、下划线、斜体。单击对应的图标可以设定对应的样式，再次单击图标，可以取消样式的设置。

图7-7

※ 颜色：可以调整字体的颜色。单击"颜色"下拉框，可以调出颜色的详细设置界面。

※ 字间距和行间距：可以调整字符之间和行之间的距离。

※ 对齐方式：左侧 3 个图标对应文本横版显示时的对齐选项，右边 3 个图标对应文本竖版显示时的对齐选项。

※ 预设样式：剪映提供了一些预先设置好的文本样式供我们选择，单击对应的图标可以直接运用样式效果。另外可以单击下拉箭头来查看更多的预设样式，如图 7-8 所示。

图7-8

※ 位置大小：可以进行文本的缩放、位置、旋转和对齐设置，如图 7-9 所示。

• 缩放：可以通过调节滑块或者直接在右侧数值框内输入数值来调节缩放，也可以通过播放器区进行缩放。

• 位置：调整文本框的坐标位置。可以输入坐标值，或者在播放器区拖动来进行调整。

• 旋转：可以直接输入旋转的度数，或者拖动右侧的圆形图标来进行调整。

• 对齐：单击对应的图标，可以调整文本框在播放器区内的对齐方式。

图7-9

※ 混合：调整文本轨道和其他轨道图层之间的混合方式。拖动下方的不透明度滑块可以调整文本的不透明度。不透明度为 100%，文本是完全不透明状态；不透明度为 0%，文本是完全透明状态。

※ 描边：调整文本边框的颜色和边框的粗细。勾选后可以单击"颜色"下拉框来调整描边的颜色。拖动"粗细"右侧的滑块来调节文本边框的粗细程度，如图 7-10 所示。

※ 背景：文本后面添加的一个方框形状底板。可以调整背景的颜色和不透明度、圆角、高度、宽度以及背景相对于文本的上下偏移和左右偏移，如图 7-11 所示。

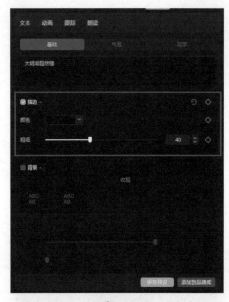

图7-10

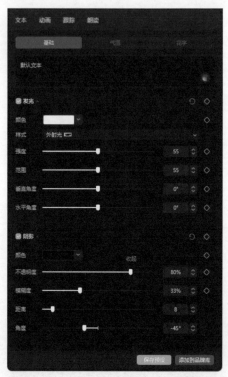

图7-12

图7-11

※ 发光：调整字体的发光效果。勾
选此选项后会展开详细设置界
面，可以在展开的界面内调节发
光的强度和范围，如图7-12所示。

※ 阴影：调整文本后面形成的阴影
的颜色、不透明度等选项，如图
7-12所示。

7.1.2 气泡

除了能对文本的基础属性进行设置
外，剪映还提供了气泡文字模板。选中文
本素材，然后单击属性调节区的"文本"
界面内的"气泡"标签，会出现气泡效果
的选择界面，如图7-13所示。

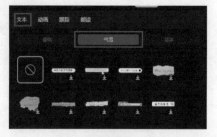

图7-13

选择对应的效果可以直接将其应用到
文本上。如果要取消气泡效果的应用，可

以单击气泡效果左上角的取消图标。

如果要取消所有的文本效果，单击界面右下角的"重置"按钮，可以取消之前设置的所有文本气泡效果。

单击界面下方的"保存预设"按钮，可以将气泡效果保存在媒体素材区"文本"界面的"我的预设"内，如图7-14所示。

图7-14

下次如果想使用同样的效果，可以单击"我的预设"标签，直接应用相应效果。

7.1.3 花字

花字是剪映提供的另外一种提前把各种效果都预设好的字体，无须进行手动调整。应用花字类似一个直接选成品的过程。

※ 对已有文本应用花字效果。

对于已经输入完成的文本，可以在属性调节区应用花字效果。选中文本素材，然后单击属性调节区文本界面下的"花字"标签，如图 7-15 所示。

在花字列表区选择对应的花字效果就可以将其应用到当前选中的文本素材上。

※ 新建花字效果的文本。

单击媒体素材区的"文本"按钮，然后在界面的左侧单击"花字"标签，会出现图 7-16 所示的界面。

图7-15

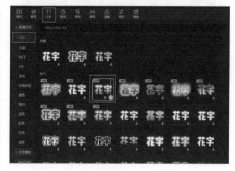

图7-16

剪映对花字效果进行了分类，可以根据相应分类来进行筛选。单击对应的花字图标可以在播放器区预览效果。单击花字右下角的五角星图标，可以将花字效果收藏。单击右侧的"+"图标可以将花字应用到剪辑中，如图7-17所示。

此时新插入的花字文本内容是"默认文本"。可以选中这个素材，然后单击属性调节区文本界面下的"基础"标签，对文本进行修改，如图7-18所示。

图7-17

图7-18

7.1.4 动画

选中文本素材，单击属性调节区的"动画"标签，可以为文本应用动画效果，如图7-19所示。

图7-19

动画按照应用在素材中的时间可以分为入场动画、出场动画、循环动画3种。

※ 入场动画：应用到文本进入场景时的动画效果。播放完入场动画后，文本就出现在场景中。

※ 出场动画：应用到文本退出场景时的动画效果。播放完出场动画后，文本就会消失在场景中。

※ 循环动画：文本出现后会不停地做某一个循环动作。

应用动画效果后，文本轨道上会有短线表示此段轨道使用了动画效果，如图7-20 所示。

图7-20

这个提示方便我们直接从轨道界面确定是否使用了动画效果，有利于日后的整体剪辑。

7.2 ▸ 文字模板

除了前面提供的文本的静态效果外，剪映还提供了动态效果，比如文字模板。单击媒体素材区的"文本"按钮，然后单击"文字模板"标签，界面如图 7-21 所示。

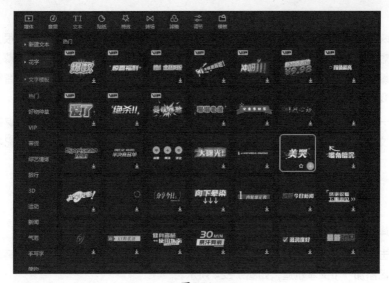

图7-21

单击对应的模板后可以在播放器区预览效果。

单击模板右下方的五角星图标可以收藏该模板。

单击模板右下角的"+"图标可在当前时间线位置将这个模板插入剪辑中,如图7-22所示。

图7-22

7.3▸ 智能字幕

剪映里面还有一个和文本识别有关的重要功能:智能字幕。这个功能可以很大程度上方便短视频工作者,也方便了一些专业宣传人员、专题片制作者等。之前字幕都是通过文本编辑来实现的,而且需手动根据视频中的声音来对齐时间轴。而剪映的智能字幕可以为我们大大减少这方面的工作量。

以一段带有配音的素材来做示范。将实例中的素材添加到剪辑中,单击媒体素材区的"文本"按钮,然后单击左侧的"智能字幕"标签。剪映提供了两种匹配字幕的方式。

※ 识别字幕:剪映识别音频或者视频素材中的人声,并自动生成字幕。

※ 文稿匹配:插入对应的文稿,剪映自动匹配画面。

选择"识别字幕",单击下方的"开始识别"按钮,如图7-23所示。

单击"开始识别"按钮后,剪映会开始对音视频进行识别。识别完成后,剪映会在时间线区添加一个文本轨道,如图7-24所示。

图7-23

图7-24

之后可以在属性调节区调整字幕的样式。

7.4▶ 识别歌词

剪映除了可以识别视频中的语音外，还可以识别歌曲中的歌词。打开剪映，在媒体素材区单击"音频"按钮，插入剪映提供的官方音乐素材，如图 7-25 所示。

图7-25

单击媒体素材区的"文本"按钮，然后单击"识别歌词"标签，如图7-26所示。

单击"开始识别"按钮，等待一段时间后，剪映识别完成并在时间线区生成歌词文本的轨道，如图7-27所示。

图7-26

图7-27

不同的是，智能字幕是识别出文本，而歌词识别是直接从数据库里面匹配歌曲和歌词，所以歌曲歌词的识别率要高于智能字幕的识别率。

7.5▶ 添加贴纸

剪映除了可以为视频添加文本外，还可以为视频添加一些贴纸，增加视频的效果。单击媒体素材区的"贴纸"按钮，界面如图7-28所示。

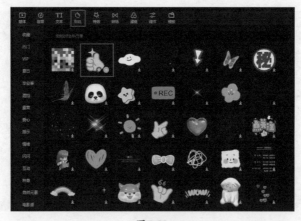

图7-28

选择合适的贴纸进行添加后，时间线区会增加一条贴纸轨道，如图 7-29 所示。

图7-29

可以在播放器区调整贴纸的大小和位置。

第8章

画面调节
和抠像

拍摄素材的时候，由于条件的限制，可能会出现画面效果不是很完美的情况。这时可以使用剪映提供的画面调节工具来进行后期的处理。

抠像也是视频素材剪辑处理中常用的方式，是把图片或视频的某一部分分离出来成为单独的部分。

本章主要针对这两部分进行介绍。

8.1 ▸ 画面调节

本节主要讲解如何调节视频的画面。打开剪映，然后导入素材到剪辑中，如图 8-1 所示。

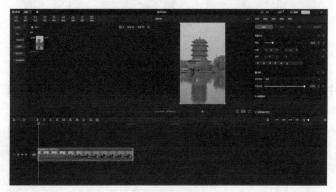

图8-1

8.1.1 滤镜

单击媒体素材区的"滤镜"按钮后，会弹出图 8-2 所示的滤镜详细设置界面。

图8-2

滤镜是指各种参数都已经设置好的画面调节选项。可以直接将滤镜效果应用到素材中，省去逐项设置的复杂步骤。剪映根据不同的画面调节偏好以及适用场景，为了方便选取，将滤镜分成了许多种类。单击相应的文本即可跳转到对应的分类。比如对于风景类的素材，可以直接从风景类滤镜中寻找适合素材的滤镜风格，如图 8-3 所示。

图8-3

选择其中一个滤镜，等待剪映下载完成，单击滤镜右下角的"＋"图标将滤镜应用到剪辑中。剪辑中就出现了一个滤镜轨道，如图 8-4 所示。

图8-4

此时可以通过属性调节区的滑块调节滤镜的强度。滑块越靠右，风格感越强烈。

8.1.2 调节

前面介绍了如何将现有滤镜效果应用到视频素材上。如果不满足于现有的滤镜效果，可以自己调整视频的各种参数来实现想要的效果。这时可以使用属性调节区的调节功能。

选中视频素材，然后单击属性调节区的"调节"标签。调节功能分为基础、HSL、曲线、色轮 4 个模块，下面主要讲解基础的调节功能，相关参数如图 8-5 和图 8-6 所示。下面逐项进行讲解。

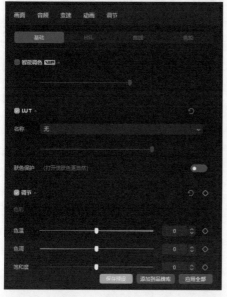

图8-5

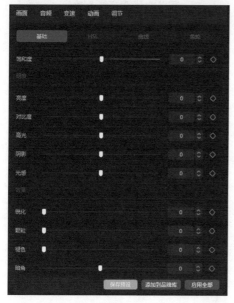

图8-6

※ 智能调色：剪映 VIP 用户才可以使用的功能，这个功能可以智能调节画面的颜色，开启后剪映可以根据播放器区的预览效果来调整智能调色的强度。

※ LUT：一种广泛用于计算机图形学和色彩校正的工具。它是一张包含输入输出数值对应关系的表格，可以将颜色从一种空间映射到另一种空间。应用 LUT 可以将一组输入值映射为一组输出值，从而实现图像或视频的颜色、色调等方面的调整。从其他网站下载 LUT 文件导入剪映，然后就可以在这个界面应用 LUT 来调整画面效果了。

色彩调整部分包括色温、色调和饱和度。

※ 色温：将色温滑块向右调整，画面会呈现偏黄色效果；将色温滑块向左调整，画面会呈现偏蓝色效果。

※ 色调：将色调滑块向右调整，画面呈现偏明快的色调；将色调滑块向左调整，画面呈现偏冷暗的色调。

※ 饱和度：可以调整画面中颜色的纯度。饱和度越高，颜色纯度越高，常见的美食画面一般都是高饱和度的画面。

明度调整部分包括亮度、对比度、高光、阴影、光感。

※ 亮度：调整整个画面的明暗程度。滑块向左调整画面变暗，滑块向右调整画面变亮。

※ 对比度：调高对比度可以使画面中亮处和暗处的差异度升高，调低对比度可以使画面中亮处和暗处的差异度降低。

※ 高光：向右调整高光滑块会增强高光效果，画面会整体变亮；向左调整高光滑块会减弱高光效果，画面会整体变暗。

※ 阴影：可以调节画面中物体的阴影效果。处理阳光下有阴影的画面时，可以看到比较明显的效果变化。

※ 光感：类似于相机的饱和度。调高光感，画面可能会出现曝光过度的效果；调低光感，画面可能会出现曝光不足的效果。

效果调节部分包括锐化、颗粒、褪色、暗角。

※ 锐化：调整画面的清晰度。但是锐化程度过高会出现锯齿状边缘，这个需要调整时注意。

※ 颗粒：增加画面的颗粒感，一般用在天空或者水面等简单的画面上效果比较明显。

※ 褪色：调整画面的褪色效果，数值越高，褪色效果越明显。

※ 暗角：将滑块从中间向右滑动，在画面四周会生成比较暗的角落；将滑块从中间向左滑动，画面四周会产生比较亮的角落。

8.1.3　画质提升

如果在拍摄的时候有部分画面的质量不是很好，可以通过属性调节区的画质功能来进行优化。选择视频素材，在属性调节区单击"基础"标签，拖动右侧的滚动条到最下方，出现的界面如图8-7所示。

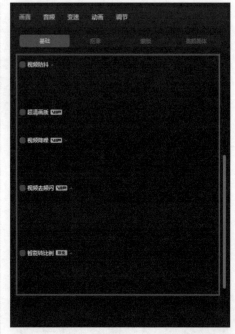

图8-7

剪映提供了4个画质优化的功能。

※ 视频防抖：降低视频画面的抖动。如果录制的视频抖动比较厉害，可以尝试开启这个功能。

※ 超清画质：通过算法提高图像的清晰度。

※ 视频降噪：主要针对在录制亮度较低的画面时，因为感光器件的限制而导致的画面噪点，可以对噪点进行处理。

※ 视频去频闪：主要针对在拍摄电脑屏幕或者其他屏幕时，由屏幕的刷新率导致的画面闪烁。

除第1个功能外，其余功能需要开通VIP会员才可以使用。

8.2 抠像

有时候只需要将素材中的部分画面添加到视频中，例如需要插入一个人像，但是人像后面的背景并不需要，这时就可以使用剪映的抠像功能来将人像抠取出来。剪映提供了 3 种抠像的工具，分别是色度抠图、自定义抠像和智能抠像。下面逐一进行介绍。

8.2.1 色度抠图

如果要抠像主体的背景画面为纯色或者接近纯色，可以使用剪映提供的色度抠图工具，其常用于绿幕素材的抠图。下面以素材库中的一个绿幕素材来进行演示。

打开剪映，单击"开始创作"进入剪辑界面。然后单击媒体素材区左侧的"素材库"标签，选择一个绿幕素材，等待剪映下载完成，单击右下角的"+"图标将素材添加到剪辑中，如图 8-8 所示。

图8-8

这里选择的是卡通恐龙的绿幕素材，可以在绿幕分类区找到它，或者在搜索文本框中输入"卡通恐龙"并按 Enter 键也可以找到它。选中这段素材，单击属性调节区的"画面"界面中的"抠像"标签，出现抠像的操作界面，然后在抠像的操作界面勾选"色度抠图"选项，如图 8-9 所示。

此时取色器右边的吸管图标是灰色的，单击它，使它变亮，如图 8-10 所示。

移动鼠标指针到播放器区，此时鼠标指针变为一个中心有一个小方块的圆环标志，如图 8-11 所示。

图8-9

图8-10

小方块的位置就是取色的位置，圆环的颜色即取色器取出的颜色。单击选取要抠掉的颜色，鼠标指针变回正常形状。属性调节区吸管图标右侧显示取出的颜色，如图8-12所示。

可以在下方调整强度和阴影参数来调整抠像的效果，左侧的播放器区会实时显示抠像的结果。在这个实例中，将"强度"调整为70，将"阴影"调整为30。调整完成的效果如图8-13所示。

图8-11

图8-12

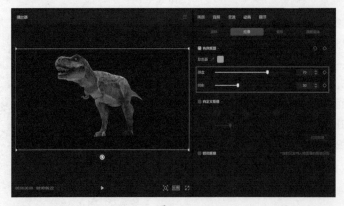

图8-13

可以看出此时已经成功完成了抠像操作。不同的素材适用的强度和阴影不同，可以根据实际情况进行调整。

8.2.2　自定义抠像

如果需要抠图的对象和背景画面之间没有明显的区别，或者需要抠图的对象的特征不是很明显，色度抠图和智能抠图就无法准确地抠取出需要的图像。这时可以通过自定义抠像来实现画面的抠图。

这里选择剪映素材库"热门"分类下的"土拨鼠叫"素材。在素材库中找到这个素材，然后单击素材右下角的"+"图标将它插入剪辑，如图 8-14 所示。

图8-14

选中这段素材，单击属性调节区的"抠像"标签，然后勾选"自定义抠像"选项，就可以看到图 8-15 所示的界面。

图8-15

自定义抠像提供了 3 个工具供我们使用，分别是智能画笔、智能橡皮和橡皮擦。

※　智能画笔：类似于 Photoshop 中的魔棒工具。智能画笔可以智能、快速地选定要抠像的对象。使用鼠标指针大致勾勒出要抠像的对象轮廓后，智能画笔会自动填充未选中的区域。

※　智能橡皮：对于边界比较模糊的图像，智能画笔有时会过多地选择抠像区域，这时候可以使用智能橡皮来擦除多选的区域。

※　橡皮擦：有时智能画笔和智能橡皮对一些细节处理得不是很好，这时可以使用橡皮擦对抠像区域的细节之处进行处理。

智能画笔在屏幕上划过的区域会变成有浅蓝色的半透明幕布覆盖在原图上的效果。这个浅蓝色的半透明幕布覆盖的区域就是剪映要进行抠像的主体区域。

　　首先通过智能画笔勾勒出要抠像的区域，尽量使抠像的区域大于要抠像的主体。然后通过智能橡皮和橡皮擦，使浅蓝色的半透明幕布完全覆盖住要抠像的对象，如图 8-16 所示。

图 8-16

　　确认无误后，单击自定义抠像处的"应用效果"按钮，剪映就会进行抠像处理。播放器区上方会显示处理进度，如图 8-17 所示。

图 8-17

　　处理完成后，就可以在播放器区预览抠像完成的效果。

8.2.3　智能抠像

　　智能抠像是无须人工干预的一种抠像方式，如果需要抠像的主体是人物，并且素材中背景和主体的轮廓比较明显，那么可以使用智能抠像来节约时间。

以素材库"热门"分类下的素材为示例。首先将这个素材添加到剪辑中,如图 8-18 所示。

图8-18

选中素材后,单击属性调节区"画面"界面中的"抠像"标签,然后勾选"智能抠像"选项,即可完成抠像,如图 8-19 所示。

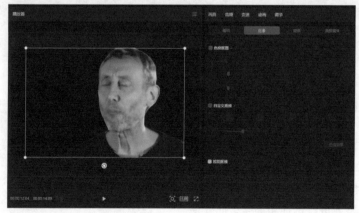

图8-19

8.3 ▶ 混合模式

有时需要将拍摄的两段素材中的内容叠加来增强作品的呈现效果,这时就可以使用剪映的混合模式。混合模式需要在两个视频轨道重合时才可以使用。如果只有一个视频轨道,混合模式是无法开启的。

首先将"人像 1"和"人像 2"素材导入剪辑中,如图 8-20 所示。

图8-20

将第 2 段素材拖动到第 1 段素材的上方，然后将开始时间对齐，如图 8-21 所示。

图8-21

　　选中上方轨道中的素材，在属性调节区"画面"界面的"基础"标签下单击"混合模式"下拉框，弹出混合模式的相关选项列表，如图 8-22 所示。

　　剪映提供了许多混合模式，我们可以根据实际需要进行选择和调整。此处使用了两个人像素材，选择"滤色"混合模式，然后调节混合模式的不透明度。最终实现的效果如图 8-23 所示。

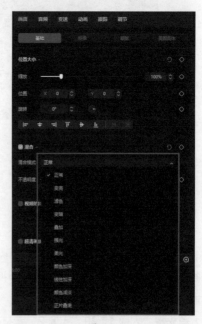

图8-22

图8-23

剪映提供的每种混合模式都有其适合处理的素材。例如变暗、正片叠底、线性加深、颜色加深这 4 个模式适合处理底色为白色的视频；滤色、变亮、颜色减淡适合处理底色为黑色的视频。如何更好地应用这些模式，需要我们在后续的视频剪辑中多应用和试验来把握。

第 9 章

具有轮播效果
的电子相册

本章主要介绍如何通过剪映制作具有无限轮播效果的电子相册。制作完成的电子相册，不仅可以自己欣赏，而且可以发布到朋友圈、视频号、抖音等供大家观赏。

9.1 ▶ 制作相册的白色背景

首先打开剪映，然后单击"开始创作"按钮，进入剪辑界面。将准备好制作电子相册的图片素材导入媒体素材区。单击媒体素材区的"导入"按钮，在弹出的对话框中选中素材，单击"打开"按钮。素材导入完成后的效果如图 9-1 所示。

图9-1

这次一共用到 9 张图片，其中白色图片用作背景。

为了突出图片的效果，需要给电子相册添加白色底色。单击"白色背景"素材右下角的"+"图标将它添加到时间线区，添加完成后的效果如图 9-2 所示。

图9-2

首先设置相册的比例。单击播放器区的"比例"按钮，在弹出的列表中点击 16：9，如图 9-3 所示。

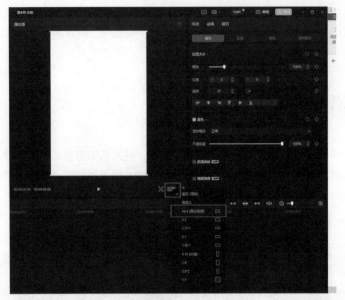

图9-3

　　调整完剪辑比例后，由于"白色背景"素材是竖版的，所以在播放器区会看到背景后面有两片黑色区域。需要放大"白色背景"素材来填充整个画面。有两个办法可以放大"白色背景"。

※　在播放器区调整：选中"白色背景"素材边框上的一点，然后向外拖动，这时候图片会被放大。将图片放大到覆盖整个画面。

※　通过属性调节区的缩放功能：向右拖动滑块或者直接在数值框中输入缩放的数值。将数值调整为 300% 左右，如图 9-4 所示。

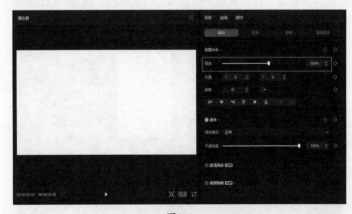

图9-4

　　图片导入后的默认时长是 5s，可以在全局设置界面进行修改。因为是一张静止的图片，后期可以在轨道区拖动图片右侧的边框来随意调整图片的时长。

9.2▸ 制作动画效果

1. 导入第 1 张图片

从媒体素材区将"图片 1"素材拖入主轨道上方的轨道，拖动轨道中图片右侧的边框，将它的时长调整为 3s，然后在播放器区拖动图片边框上的任意一个圆点，将图片放大，使它的左右两侧各留下一段空白，如图 9-5 所示。

图9-5

2. 复制图层

在时间线区右击"图片 1"素材，然后在弹出的快捷菜单中单击"复制"，如图 9-6 所示。

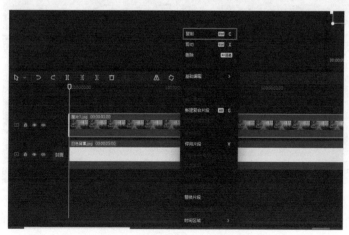

图9-6

将时间线拖动到剪辑开始的位置，然后在"图片 1"素材上方的轨道处单击鼠标右键，在弹出的快捷菜单中单击"粘贴"，如图 9-7 所示。

图9-7

粘贴后如果没有对齐到剪辑开头，可以拖动轨道将它们对齐。对齐后的效果如图9-8所示。

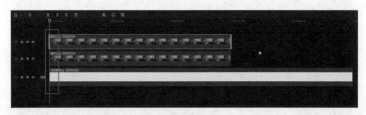

图9-8

3. 插入关键帧

接下来我们要制作一张图片缓慢从右侧滑动到左侧的效果。

将时间线拖动到最上方轨道中的素材的结尾处，选中这个素材，在属性调节区的"位置大小"右侧单击添加关键帧图标，如图9-9所示。

图9-9

将时间线拖动到这个素材的开始处，选中这个素材，在播放器区将画面向右水平拖动，直到画面移出播放器区的预览区域，松开鼠标左键。移出画面松开鼠标左键时，要保证播放器区有一条蓝色的横线。这条蓝色的横线表示拖动是沿着水平线进行的，如图9-10所示。

图9-10

拖动时间线到剪辑开始处，选中中间的"图片 1"素材，在属性调节区的"位置大小"右侧单击添加关键帧图标，为这个素材添加一个关键帧，如图 9-11 所示。

图9-11

拖动时间线到本段素材的结束位置。这时要调整画面的位置，但是画面被上一层轨道的图像挡住了，无法对素材的位置进行调整。可以单击上方轨道左侧的眼睛图标，如图 9-12 所示。

图9-12

这时第 3 层轨道已被隐藏,如图 9-13 所示。

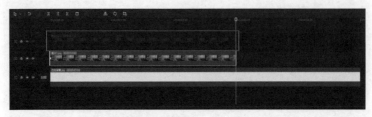

图9-13

这时播放器区预览区域被下面的白色背景挡住了,调整"白色背景"素材的时长,使这几个素材的结束位置对齐,如图 9-14 所示。

图9-14

选中中间的"图片 1"素材,然后在播放器区拖动画面,将画面向左水平移动,移出播放器区的预览区域,如图 9-15 所示。

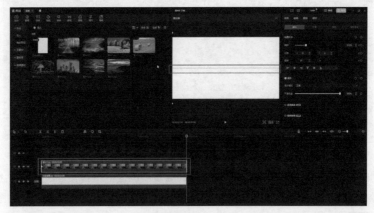

图9-15

这样一个基本的动画效果就完成了。单击第 3 层轨道左侧的眼睛图标位置,将之前隐藏的轨道显示出来,如图 9-16 所示。

图9-16

由于最上面的第 3 层轨道的图片和第 2 层轨道的图片是一个素材,所以预览时,是两张同样的图片在滚动播放。我们需要把第 3 层轨道的图片替换成其他图片。

剪映提供了一个方便的替换功能,替换素材之后,特效和动画都会保留下来。

拖动媒体素材区的"图片 2"素材到第 3 层轨道上"图片 1"素材位置,如图 9-17所示。

图9-17

松开鼠标左键,这时剪映会弹出一个对话框,如图 9-18 所示。

单击播放按钮,可以预览替换的情况。勾选"复用原视频效果"选项可以保留原来素材的各种动画等效果。确认无误后,单击"替换片段"按钮,就可以将素材替换为新拖入的素材,如图 9-19 所示。

图9-18   图9-19

替换功能在执行某些重复操作的时候,可以节约大量的时间。

9.3 ► 利用替换功能完成其余图片的轮播效果

现在我们已经完成了两张图片的轮播，下面就演示如何使用替换功能完成其余图片的轮播效果。

和在操作系统选中多个对象的方法一样，同时选中第 2 层和第 3 层轨道的两个素材，然后将鼠标指针移动到其中一个素材上方，单击鼠标右键，在弹出的快捷菜单中单击"复制"，如图 9-20 所示。

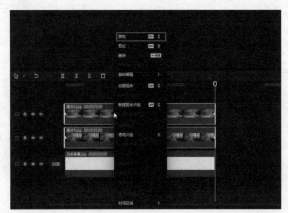

图9-20

将鼠标指针移动到轨道右侧的空白区域，然后单击鼠标右键，在弹出的快捷菜单中单击"粘贴"，如图 9-21 所示。

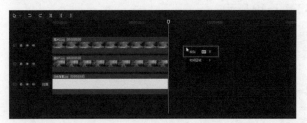

图9-21

粘贴完成后。新粘贴的素材就在原素材的右侧，并和原素材在同一轨道上，如图 9-22 所示。

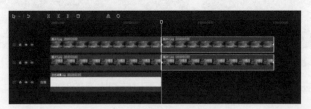

图9-22

　　单击播放器区的播放按钮来查看动画效果，这时会发现新粘贴片段和之前片段之间的图片被突然替换，没有移动的过渡过程。下面介绍如何处理。

　　拖动媒体素材区的"图片 2"素材到中间轨道，如图 9-23 所示。

图9-23

　　在弹出的对话框中勾选"复用原视频效果"选项，单击"替换片段"按钮，如图 9-24 所示。

　　这时就完成了图像的平滑过渡。

　　接下来用同样的方式把"图片 3"素材拖动到刚粘贴的上方轨道中，然后替换掉原来的图片素材。替换完成后，时间线区如图 9-25 所示。

图9-24

图9-25

重复上面的步骤，将所有的素材都添加完成。完成后的效果如图9-26所示。

图9-26

最上层素材的排序是"图片2""图片3"……"图片8"。中间层素材的排序是"图片1""图片2"……图片7。

这时候在播放器区单击播放按钮进行预览。通过预览发现，视频播放到后面，白色边框消失了。这是因为"白色背景"素材的时长太短。拖动"白色背景"素材右侧的边框，使它的时长和其他所有素材的时长对齐，如图9-27所示。

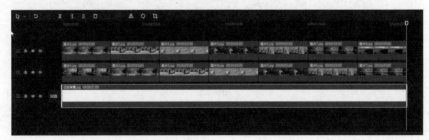

图9-27

9.4▶ 为相册添加音乐

为了增加相册的展示效果，可以选取合适的背景音乐，将它添加到相册中。

将时间线拖动到剪辑的开始位置。单击媒体素材区的"音频"界面中的"音乐素材"标签，展开分类，单击"纯音乐"分类，选择要添加的音乐，等剪映下载完成后，单击音乐右下角的"+"图标将它添加到剪辑中，如图9-28所示。

此时就可以在时间线区看到音频的轨道。由于示例相册时长较短，音乐素材的长度超过了视频素材的长度，需要对音乐进行分割、删除。

将时间线拖动到视频的结尾处，然后选中音乐素材，单击时间线区快捷功能区的向右裁剪图标，如图9-29所示。

图9-28

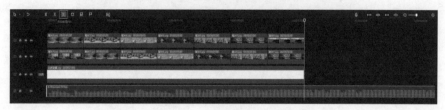

图9-29

为了避免音乐出现和结束得太突然，需要给音乐设置淡入淡出效果。选中音乐素材，然后在属性调节区将"淡入时长"和"淡出时长"都调整为 0.5s，如图 9-30 所示。

图9-30

到此电子相册就制作完成了，可以根据实际需要进行导出。

第 10 章

具有图片汇聚
效果的片头

本章讲解如何制作具有图片汇聚效果的片头。图片汇聚效果由若干个大小不同的图片，从不同的方向向画面中心汇聚，并且最后消失。这种效果非常适合用作电子相册的开头。

接下来讲解如何制作这个效果。

10.1 ▶ 导入素材并设置第 1 张图片的动画效果

首先打开剪映，进入剪辑界面，然后单击媒体素材区的"导入"按钮，将素材图片导入媒体素材区内，如图 10-1 所示。

图10-1

首先单击"图片 1"素材右下角的"+"图标将"图片 1"素材添加到时间线区，如图 10-2 所示。

图10-2

单击播放器区右下角的"比例"按钮，将视频的比例设置为 16：9，如图 10-3 所示。

图10-3

这个动画效果不需要太长的时间，拖动图片素材右侧的边框，将图片素材的时长调整到2s，如图10-4所示。

为了使图片的出现不显得突然，为图片设置一个入场动画效果。单击属性调节区"动画"界面中的"入场"标签，选择"渐显"动画，如图10-5所示。

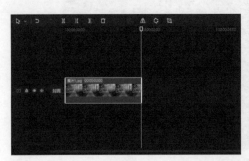

图10-4

图10-5

　　将时间线拖动到剪辑开始处，选中当前图片素材，在属性调节区"画面"界面单击"基础"标签下"位置大小"右侧的添加关键帧图标，然后调整图像大小为原来的 50%，如图 10-6 所示。

图10-6

　　将时间线拖动到图片素材结尾处，然后在属性调节区将"缩放"调整到 1%，如图 10-7 所示。

图10-7

　　这样第 1 个图片的缩放动画就做好了。由于需要图像从四周出现并慢慢消失，所以需要调整开始时图像出现的位置。

　　将时间线拖动到视频开始位置，然后在播放器区将图像拖动到任意一个位置，如图 10-8 所示。

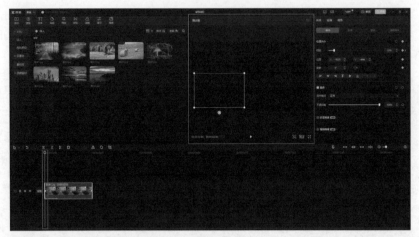

图10-8

　　调整完成后，在播放器区预览时会发现结尾处的关键帧位置变化了。剪映在调整完结尾处的关键帧，再处理开头处的关键帧时会出现这个问题。将时间线调整到视频结束位置，在播放器区将图片拖动到屏幕中心。这时再在播放器区预览，可以发现此时的效果就是图片从播放器区边缘出现，逐渐运动到画面中心然后消失。至此，第 1 张图片的动画效果处理完成。

10.2 ▶ 设置第 2 张图片的动画效果

　　将"图片 2"素材拖动到"图片 1"素材所在轨道的上方轨道内，开始时间和"图片 1"素材的对齐，并将它的时长调整为和"图片 1"素材的相同，如图 10-9 所示。

图10-9

　　将时间线拖动到视频开始的位置，选中"图片2"素材，然后在属性调节区调整"图片2"素材的"缩放"为43%，在播放器区将其位置调整到左上方，如图10-10所示。

图10-10

　　单击属性调节区的"动画"标签，然后选择"渐显"入场动画，为"图片2"素材添加渐显入场动画效果，如图10-11所示。

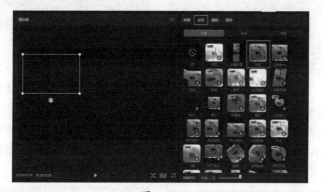

图10-11

　　将时间线拖动到视频开始位置，然后单击属性调节区"画面"界面"基础"标签下"位置大小"右侧的添加关键帧图标，添加一个关键帧，如图10-12所示。

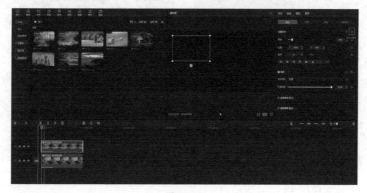

图10-12

将时间线拖动到视频结尾处,调整"图片2"素材的大小和位置,使它缩放到最小,位置在播放器区的中心。由于缩小后移动位置不方便,可以先将图像拖动到播放器区的中心,此时图像四周会出现一横一竖两条蓝线,如图10-13所示。

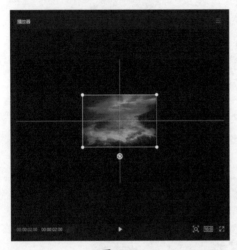

图10-13

出现这两条蓝线说明图片位于画面中心位置。此时再拖动画面四角的圆点来调整图像的大小,将它缩小到最小,如图10-14所示。

图10-14

这样第2张图片的动画效果就完成了。单击播放器区的播放按钮,会发现开始时"图片1"素材和"图片2"素材几乎是紧挨着的,如图10-15所示。

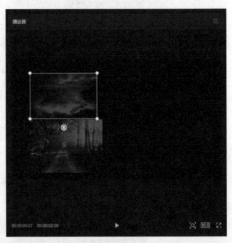

图10-15

这时需要调整"图片2"素材的起始位置,尽量使图片之间保持一定的距离。拖动时间线到视频的开始位置,然后选中"图片2"素材。在播放器区拖动"图片2"素材,使它的一部分位于画面外,如图10-16所示。

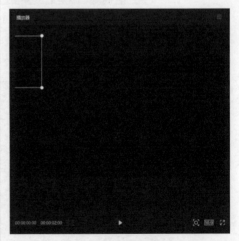

图10-16

10.3▶ 处理其余图片并调整图片动画初始位置

　　以同样的方式处理余下的图片素材，使每一张图片素材都位于不同的轨道内，如图 10-17 所示。

图10-17

　　调整图片的初始位置和大小，尽量使它们的初始位置和大小不相同。这样才可以呈现图片从各个位置和方向向中心汇聚的效果，如图 10-18 所示。

图10-18

　　图 10-18 所示只是一个参考效果，读者可以根据自己的需要任意调整图片的位置和大小。图片越多，效果越好。

　　为了制作方便，所有轨道上素材的出场时间都是相同的。如果让素材在不同的时间出场，那么效果会更好。拖动轨道上的素材，将它们的出场时间错开，如图 10-19 所示。

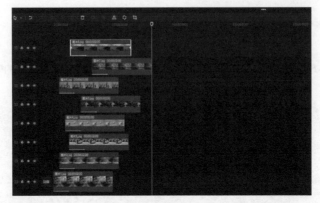

图10-19

　　这时在播放器区预览，效果要比刚开始时好很多。如果图片素材不是很多，还可以将左侧的素材复制一份到轨道的右侧进行粘贴，然后适当调整素材的位置和顺序，如图10-20所示。

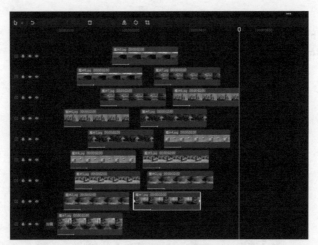

图10-20

　　这样也可以给人有很多图片汇聚的视觉感受。

　　关于图片汇聚效果的实现本章就介绍到这里，后续读者可以根据自己的实践来进一步体会。

第11章

钢琴曲卡点
翻转切换效果

本章主要讲解如何制作钢琴曲卡点翻转切换效果。这个效果就是根据音乐节奏，让图片以钢琴键的形式进行翻转，按键上的图片跟随音乐的节奏进行变换。因为图片的变换是跟着音乐节奏变换的，所以本章同时也会简单讲解，如何进行音乐节奏的把握，也就是音乐的卡点。

该效果是通过两组动画效果来实现的。下面就开始按步骤介绍如何制作这个效果。

11.1▶ 制作第 1 组动画

首先将素材导入媒体素材区，然后选中"图片 1"素材，将它添加到时间线区的视频轨道上面，如图 11-1 所示。

图11-1

单击播放器区右下方的"比例"按钮，在弹出的列表中选择 16∶9，如图 11-2 所示。

由于图片素材不是 16∶9 的，这时画面的两侧会有黑边。在属性调节区设置图片的缩放比例，使画面填充满整个预览区域，如图 11-3 所示。

这一步操作也可以通过在播放器区拖动图片四周的小圆点来实现。

接着为剪辑添加一首钢琴曲。单击媒体素材区的"音频"按钮，然后单击左侧的"音乐素材"标签，单击"纯音乐"分类，选择"Promising future(剪辑版)"，等剪映下载完成，将其添加到剪辑中，如图 11-4 所示。

音乐导入完成后，需要对这段音乐进行卡点操作。首先在时间线区选中这段音乐素材，单击时间线区快捷功能区上的自动踩点图标，如图 11-5 所示。

图11-2

图11-3

图11-4

图11-5

因为这段音乐是从剪映的音频库里面导进来的，所以可以选择自动踩点，如果是从外部导入的音乐，就需要手动踩点。

单击自动踩点图标后，会弹出菜单让我们选择是"踩节拍Ⅰ"还是"踩节拍Ⅱ"。

选择"踩节拍Ⅰ"，卡点的位置就在每一个小节的第1个音上面。选择"踩节拍Ⅱ"，卡点的位置就在每一个小节的每一个音上，一个小节里有多少个音就卡多少个点。所以"踩节拍Ⅱ"卡点的数量比"踩节拍Ⅰ"卡点的数量要多，在轨道上的标记相应就比较密集。

要根据视频效果来选择是"踩节拍Ⅰ"还是"踩节拍Ⅱ"。如果想让卡点速度比较快，视频场景或者图片切换速度比较快，就可以选择"踩节拍Ⅱ"。如果视频节奏慢，视频场景或者图片切换速度慢，这种情况就可以选择"踩节拍Ⅰ"。

本章的示例是场景切换速度较快的，所以选择"踩节拍Ⅱ"，如图11-6所示。

图11-6

选择完成后，可以发现音频轨道下方多了很多黄色的小圆点。这是剪映标记在音频轨道上的节拍，如图 11-7 所示。

图11-7

因为音乐刚开始的部分节奏不是很明显，为了更好的视频效果，将音乐开头的部分去掉，让音乐直接从节奏明快的位置开始。

通过试听可以发现音乐从第 5 个节拍处节奏开始明显，将时间线拖到这个位置，然后单击时间线区快捷功能区上的向左裁剪图标，如图 11-8 所示。

图11-8

裁剪完成后左边的音频被删除，如图 11-9 所示。

图11-9

此时需要将音频向左拖动，使它的开头和视频的开头对齐。对齐完成后如图 11-10所示。

图11-10

音频部分处理完成后，需要对画面进行等分，实现钢琴键的效果。

将时间线拖到视频开始的位置，单击媒体素材区的"文本"按钮，单击"默认文本"图标右下角的"+"图标，将文本添加到时间线区的轨道内，如图 11-11 所示。

图11-11

在属性调节区的文本框内将文本修改为 9 根竖线，调节"字间距"为 24，如图 11-12 所示。

图11-12

这时图片中间部分被分成了 8 个部分。

选中图片素材，单击属性调节区"画面"界面中的"蒙版"标签，选择"矩形"蒙版，如图 11-13 所示。

调整矩形蒙版的大小，使它长为 240、宽为 1080。在播放器区将矩形蒙版拖动到最左方，使它的右侧和预览区域左侧的第 1 条白色竖线对齐，如图 11-14 所示。

图11-13

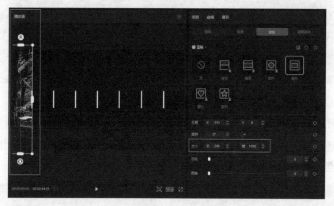

图11-14

将时间线拖动到视频开始处，选中"图片 1"素材所在的轨道，单击鼠标右键，在弹出的快捷菜单中单击"复制"，如图 11-15 所示。

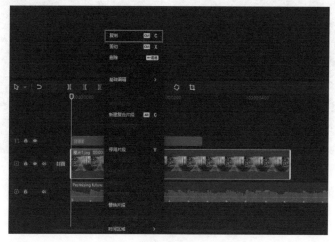

图11-15

将鼠标指针移动到时间线区的文本轨道上方，单击鼠标右键，在弹出的快捷菜单中单击"粘贴"，如图 11-16 所示。

图11-16

粘贴完成后，在当前画面轨道上方出现了复制的轨道，如图 11-17 所示。

图11-17

在播放器区调整蒙版位置，使它位于第 1 个蒙版右侧，如图 11-18 所示。

将时间线拖动到视频开始位置，按照上述方式，复制当前画面轨道，在时间线区粘贴，然后调整蒙版位置使它位于第 2、第 3 根白色竖线处，如图 11-19 所示。

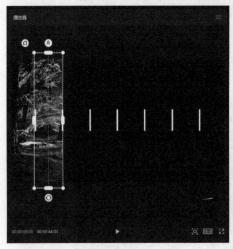

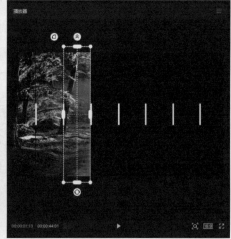

图11-18   图11-19

以此类推，将整个画面全部填充完成，如图 11-20 和图 11-21 所示。

图11-20　　　　　　　　　　　　　　图11-21

适当调整蒙版的位置，使显示的图片之间留有一些空隙。调整完成后，选择文本轨道，单击时间线区快捷功能区的删除图标，如图 11-22 所示。

图11-22

这段视频是根据音乐的卡点来进行图片变换的，所以要在音乐的卡点位置上对图片进行操作。

将时间线拖到第 1 个卡点处，这时音频卡点处的黄色的小圆点会变大。选中第 1 个视频轨道，单击时间线区快捷功能区上的分割图标，将素材分割为两个部分，如图 11-23 所示。

图11-23

单击媒体素材区的"媒体"按钮，然后拖动"图片 2"素材到时间线区刚分割出来的素材处，如图 11-24 所示。

图11-24

在弹出的对话框中单击"替换片段"按钮，如图11-25所示，将原来的片段替换掉。

图11-25

替换完成后，时间线区如图11-26所示。

图11-26

找到下一个卡点，由于第1个卡点的位置的音是"叮"的一声，找到下一个节拍在音频的第3个卡点处。将时间线拖动到这个位置，然后选中第2个画面轨道，单击时间线区快捷功能区上的分割图标，如图11-27所示。

图11-27

分割完成后，再次拖动媒体素材区的"图片 2"素材到刚分割后的片段处，如图 11-28 所示。

图11-28

在弹出的对话框中单击"替换片段"按钮，替换完成后，时间线区如图 11-29 所示。

图11-29

按照上述方式，依次替换图片素材。到第 6 个图片素材时，会发现素材的时长不够了。可以拖动图片素材右侧的框线，将素材的时长拉长到 8s 左右。继续替换，直到全部图片素材都替换完成。全部替换完成后，时间线区如图 11-30 所示。

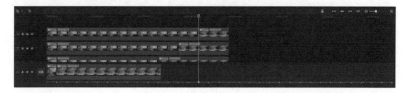

图11-30

将时间线拖动到下一个节拍处，然后将所有的素材的结束位置都调整到这里，如图 11-31 所示。

图11-31

为每一层轨道后半部分的素材添加入场动画效果。

选中第 1 层轨道的后半段素材，单击属性调节区的"动画"标签，选择"渐显"入场动画效果，如图 11-32 所示。

图11-32

用同样的方法为后面所有轨道的后半段素材添加"渐显"入场动画效果。

至此，第 1 组动画就已经制作完成了。为了效果的连续，还需要制作第 2 组动画。

11.2▶ 制作第 2 组动画

拖动每一个视频第 2 分段的右侧边框，将时间拉长到 16s 左右，如图 11-33 所示。

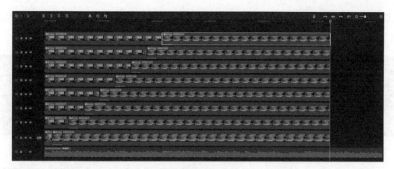

图11-33

为了和第 1 组动画有所区分，这次从最后一层轨道开始卡点变换图片。

将时间线拖动到下一个节拍处，选中最后一层轨道，单击时间线区快捷功能区上的分割图标，如图 11-34 所示。

图11-34

将媒体素材区的"图片 3"素材拖动到分割后的片段上，如图 11-35 所示。

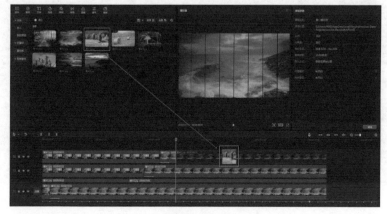

图11-35

在弹出的对话框中单击"替换片段"按钮，替换图片。替换后，时间线区如图11-36所示。

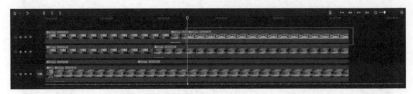

图11-36

按照同样的方式，把从上往下的轨道在节拍处进行分割并将分割后的片段替换为"图片3"素材。替换完成后，时间线区如图11-37所示。

图11-37

全部替换完成后，为每层轨道的最后一个片段添加入场动画。选中需添加入场动画的轨道，然后单击属性调节区的"动画"标签，选择"渐显"入场动画效果，如图11-38所示。

图11-38

这样第2组切换效果也完成了。此时音乐的长度比视频的要长。

11.3▶ 设置音乐的淡入淡出

选中音乐轨道,将时间线拖动到视频结束的位置,单击时间线区快捷功能区的向右裁剪图标,如图 11-39 所示。

图11-39

裁剪完成后,再对音乐设置淡入淡出效果。选中音乐,修改属性调节区的"淡入时长"和"淡出时长"都为 0.5s,如图 11-40 所示。

到此音乐卡点切换动画效果基本完成。后续大家可以自行探索添加其他动画效果,或者其他形式的分割方式,从而制作出更加生动的切换效果。

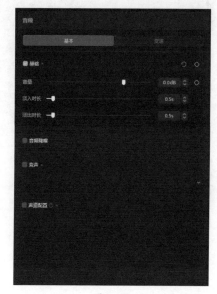

图11-40

第12章

线条切割转场效果

本章主要讲解如何自制转场效果，指导大家制作出这样一个效果：利用一根线条将画面分成两个部分，然后这两个部分再从不同的方向移出画面，从而转入另一个场景。

12.1 ▶ 线条向下运动效果

将视频和图片素材导入后，媒体素材区如图 12-1 所示。

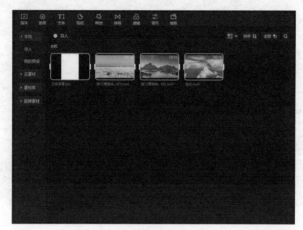

图12-1

把"航拍"视频素材添加到剪辑中，然后将"白色背景"素材添加到剪辑轨道上。移动"白色背景"素材，使它处于视频素材的前方，如图 12-2 所示。

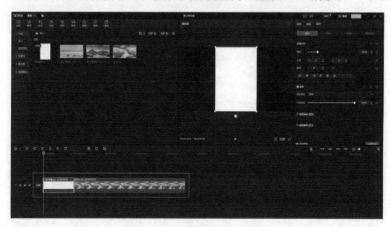

图12-2

将"白色背景"素材向上拖动，使它处于视频素材所在轨道的上方轨道中，并将其开始时间和视频素材的开始时间对齐，如图 12-3 所示。

图12-3

选中"白色背景"素材，单击媒体素材区"画面"界面中的"蒙版"标签，选择"镜面"蒙版，如图 12-4 所示。

图12-4

此时在播放器区可以调整镜面蒙版的形状和大小。在播放器区拖动蒙版调节柄，将蒙版调整为一个细线条，也可以在属性调节区"蒙版"标签下的"大小"数值框中输入宽度值或者单击数值框右侧的箭头来进行调节，如图 12-5 所示。

图12-5

　　在播放器区单击并拖动蒙版下方的旋转图标将蒙版旋转 90°，或者在属性调节区的"蒙版"标签下将"旋转"修改为 90°。这时"白色背景"素材会变成一条竖线，如图 12-6 所示。

图12-6

　　将时间线拖动到 1s 左右的位置，可以在播放器区看到参考时间，如图 12-7 所示。

图12-7

　　选中"白色背景"素材，单击属性调节区"画面"界面下的"基础"标签，在"位置大小"的右侧单击添加关键帧图标，如图 12-8 所示。

图12-8

拖动时间线到视频开头处。选中"白色背景"素材，在播放器区将素材向上拖动，将白色图片移出画面。拖动结束松开鼠标时，要保证蓝色细线如图 12-9 所示。

图12-9

这样线条向下移动的效果就完成了。

为保证视频效果，需要对多余的视频进行裁剪。

将时间线拖动到 4s 处，选中视频素材，然后单击时间线区快捷功能区上的向右裁剪图标，如图 12-10 所示。

图12-10

按照同样的方式处理"白色背景"素材，使它和视频素材的时长相同。

单击剪辑界面上的"导出"按钮，弹出的界面如图 12-11 所示。

为方便编辑，将它命名为"片段 1"，单击"导出"按钮，将这段剪辑导出为 1 个视频。导出完成后，在导出完成界面单击"关闭"按钮，如图 12-12 所示。

图12-11

图12-12

12.2▷ **纵向切割转场**

将刚才制作好的"片段 1"导入媒体素材区，如图 12-13 所示。

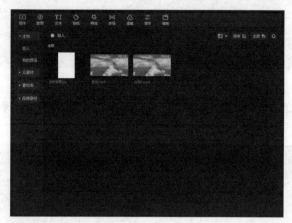

图12-13

将时间线区的素材全部删除，单击媒体素材区的"素材库"标签，在其中搜索"风景"，在搜索结果中选择一个并将它添加到时间线区的轨道中，如图 12-14 所示。

图12-14

将 12.1 节生成的"片段 1"也导入时间线区的轨道中，然后将"片段 1"素材移动到素材库素材所在轨道的上方轨道中，如图 12-15 所示。

图12-15

拖动时间线到1s左右的位置，就是白色线条完全出现在画面中的时候。选中"片段1"
素材，单击时间线区快捷功能区上的分割图标，如图12-16所示。

图12-16

选中分割后的后半段素材，单击属性调节区的"蒙版"标签，选择"线性"蒙版，
将旋转度数改为90°，如图12-17所示。

图12-17

选中分割后的后半段素材，单击鼠标右键，在弹出的快捷菜单中单击"复制"，如
图12-18所示。

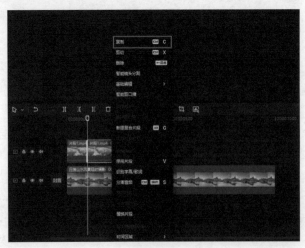

图12-18

在刚才复制的素材的上方,单击鼠标右键,在弹出的快捷菜单中单击"粘贴",如图 12-19 所示。

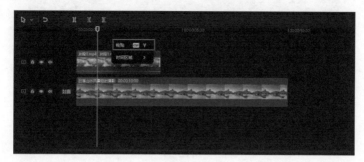

图12-19

此时粘贴后的素材就在刚才复制素材的上方轨道中,将它和刚才的素材对齐,如图 12-20 所示。

图12-20

单击属性调节区的"蒙版"标签下的翻转图标,如图 12-21 所示。

此时播放器区的画面也会随之变化,如图 12-22 所示。

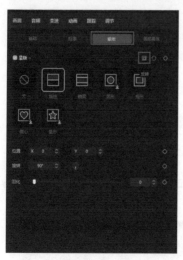

图12-21

图12-22

选中最上方轨道中的素材,单击属性调节区的"动画"标签,然后单击"出场"标签, 选中"向左滑动"出场效果,将时长调整为 1.0s,如图 12-23 所示。

图12-23

选中中间轨道中的素材，单击属性调节区的"动画"标签，然后单击"出场"标签，选中"向右滑动"出场效果，将时长调整为 1.0s，如图 12-24 所示。

图12-24

这样纵向切割转场就完成了。

12.3 斜角切割转场

接下来再制作一个斜角切割转场效果。

将"白色背景"素材拖动到第 2 层轨道中，和前面的素材之间稍微留一个空隙，如图 12-25 所示。

图12-25

选中"白色背景"素材，单击媒体素材区"画面"界面中的"蒙版"标签，选择"镜面"蒙版，如图 12-26 所示。

图12-26

在播放器区将蒙版调节成条状，再将其旋转，旋转角度大约为 150°，使它和画面对角线对齐，如图 12-27 所示。

图12-27

在属性调节区单击"基础"标签，将白色的线条放大到横贯整个画面，缩放比例大约是 280%，如图 12-28 所示。

将时间线拖动到"白色背景"素材 1s 左右的位置，然后单击属性调节区的"基础"标签，单击"位置大小"右侧的添加关键帧图标，如图 12-29 所示。

然后将时间线拖动到"白色背景"素材的开始位置，将素材沿着白色线条方向拖出屏幕。将素材的时长调节为 3s 左右，将下方轨道的视频素材和这个素材对齐，如图 12-30 所示。

图12-28

图12-29

图12-30

移动时间线到"白色背景"素材开始的时间点，然后选中最下方轨道的视频素材，单击时间线区快捷功能区的分割图标，将素材进行分割，如图 12-31 所示。

图12-31

在时间线区单击鼠标右键，单击"时间区域"，然后单击"以片段选定区域"，如图 12-32 所示。

图12-32

选定后的界面如图 12-33 所示。

图12-33

单击剪辑区右上角的"导出"按钮，将选中的片段导出为"片段 2"。

导出完毕后，单击"取消选定区域"，如图 12-34 所示。

图12-34

选中刚才导出的视频，然后单击时间线区快捷功能区上的删除图标，如图 12-35 所示。

图12-35

然后单击媒体素材区的"素材库"标签，在其中搜索"风景"，在搜索出的结果中选择一个，并将它添加到时间线区的轨道中，如图 12-36 所示。

图12-36

将刚才导出的"片段2"导入媒体素材区，然后从媒体素材区将它拖动到第 2 层轨道中，和刚添加到第 1 层轨道的素材对齐，如图 12-37 所示。

图12-37

选中第 2 层轨道中的素材，将时间线拖动到倾斜的白条刚刚完全出现的位置，单击时间线区快捷功能区的分割图标，如图 12-38 所示。

图12-38

　　选中切割完成的后半部分，在属性调节区单击"蒙版"标签，然后选择"线性"蒙版，并旋转蒙版，使它与白条重合，如图 12-39 所示。

图12-39

　　右击当前素材，然后在弹出的快捷菜单中单击"复制"，如图 12-40 所示。

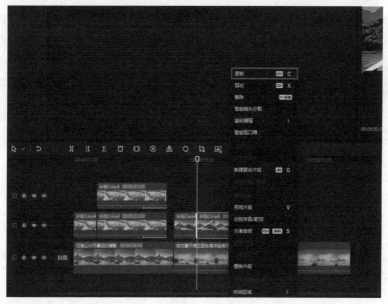

图12-40

　　在这个素材的上方轨道处，单击鼠标右键，在弹出的快捷菜单中单击"粘贴"，如图 12-41 所示。

　　将粘贴后的素材和之前的素材对齐，如图 12-42 所示。

图12-41

图12-42

选中刚粘贴的素材，在属性调节区单击"蒙版"标签下的翻转图标，如图12-43所示。

给刚粘贴的素材添加一个出场动画。选中素材，然后单击属性调节区的"动画"标签，单击"出场"标签，选择"向上滑动"动画效果，时长调节为1.0s，如图12-44所示。

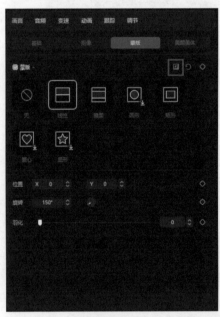

图12-43

图12-44

选中第二层轨道的最后一个素材，单击属性调节区的"动画"标签，然后单击"出场"标签，选择"向下滑动"动画效果，时长调节为1.0s，如图12-45所示。

图12-45

最后调节主轨道素材时长，将多余的部分切割掉，裁切后时间线区的轨道长度如图 12-46 所示。

图12-46

12.4▸ 添加音乐

最后可以添加一段音乐来丰富效果。将时间线拖动到视频开头处，单击媒体素材区的"音频"按钮，再单击"音乐素材"标签，然后在"纯音乐"分类下选择"十月上"，并将其添加到剪辑中，如图 12-47 所示。

图12-47

将时间线拖动到视频结尾处，然后选中音频素材，单击时间线区快捷功能区中的向右分割图标，将多余的音频删除，如图 12-48 所示。

图12-48

　　为了使音频的出现和消失都不显得突然，给音频添加淡入淡出效果。选中音频文件，然后在属性调节区设置音乐的"淡入时长"和"淡出时长"都为 0.5s，如图 12-49 所示。

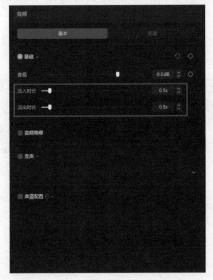

图12-49

　　这样斜角切割转场的效果就完成了。